国内外化妆品标准比对

韩国

上海市质量监督检验技术研究院 编

中国质量标准出版传媒有限公司
中 国 标 准 出 版 社

北 京

图书在版编目（CIP）数据

国内外化妆品标准比对．韩国 / 上海市质量监督检验技术研究院编．—北京：中国质量标准出版传媒有限公司，2023.12

ISBN 978-7-5026-5246-3

Ⅰ.①国… Ⅱ.①上… Ⅲ.①化妆品—标准—对比研究—中国、韩国 Ⅳ.① TQ658-65

中国国家版本馆 CIP 数据核字（2023）第 211031 号

中国质量标准出版传媒有限公司
中　国　标　准　出　版　社 出版发行

北京市朝阳区和平里西街甲 2 号（100029）

北京市西城区三里河北街 16 号（100045）

网址：www. spc. net. cn

总编室：（010）68533533　发行中心：（010）51780238

读者服务部：（010）68523946

中国标准出版社秦皇岛印刷厂印刷

各地新华书店经销

*

开本 787×1092　1/16　印张 14.25　字数 245 千字

2023 年 12 月第一版　　2023 年 12 月第一次印刷

*

定价：88.00 元

编 委 会

FOREWORD

近年来，随着化妆品国际贸易的不断发展，世界主要发达国家纷纷加强了化妆品领域的标准化战略研究，建立了各具特色的技术法规和标准化体系，以期在国际贸易中全面提升竞争力。其中，韩国化妆品以其不断推陈出新的产品、较高水平的精细化工业、准确的市场定位和有效的市场营销手段渐渐赶上美、日、欧等国家和地区。

中国化妆品市场是世界最大的新兴市场，年销售总额达2000多亿元，年平均增长率超过10%。为保障化妆品的质量安全，我国制定了较为完善的监管制度和法规体系，涵盖了化妆品生产、销售及使用等各个阶段，为行业发展提供了技术支撑。

自2018年11月起，在国家标准化管理委员会的领导下，上海市质量监督检验技术研究院（国家保洁产品质量监督检验中心）和江苏德普检测技术有限公司共同承担了“消费品安全标准‘筑篱’专项行动——国内外化妆品标准比对：韩国”的工作，本书即为此项工作的成果。

由于不同国家对于化妆品的定义不同，实际的产品范围有所差异，为防止对法规的误读，我们并未将比对范围局限于化妆品，还涉及了一些韩国医药外品的相关内容。

本书对我国《化妆品安全技术规范》（2015年版）和韩国《化妆品安全标准等相关规定》《化妆品着色剂种类、标准和试验方法》中涉及的禁用物质、限用物质和准用物质情况进行了详细的比对。通过比对，基本明确了我国化妆品标准体系与韩国相比并不存在明显缺失，在产品标准、检测方法标准等领域的覆盖广度还超过韩国，但也找出了一些不足，为今后我国化妆品标准制修订工作找到了突破方向。希望本书能够为我国化妆品的日常监管以及科学研究工作提供技术法规方面的背景材料，也希望对我国化妆品行业的发展有所帮助。

本书涉及的国内外法规、标准众多，在编写过程中整合了众多学科的专业知识，同时克服了大量的语言及翻译障碍，细节之处难免挂一漏万，敬请各位读者批评指正，多提宝贵建议。

编者

2023 年 7 月

目 录

CONTENTS

第一章　化妆品安全监管体系概况

第一节　韩国化妆品法规基本情况

韩国的法律法规体系有多个等级，最高等级为宪法，第二等级为法律，随后为总统令、总理令及公告、条例等。《化妆品法》《药事法》属于第二等级的法律，在韩国化妆品行业则属于最高等级同时也是最基础的法律。《化妆品执行令》属于总统令，《化妆品法实施细则》属于总理令。另外，《天然化妆品和有机化妆品的标准相关规定》等公告则针对专门的产品。

2021 年 8 月 17 日，韩国颁布了新一版《化妆品法》（第 18448 号法），执行日期是 2022 年 2 月 18 日。该法主要规定了韩国化妆品的生产、进口、销售和出口等事项。其中，第一章介绍了化妆品的定义；第二章规定了化妆品的生产和分销，涵盖业务注册、范围限定、人员资格、企业义务、产品召回、功能性化妆品的检查、婴幼儿化妆品的管理，还涉及化妆品定制业务；第三章介绍了化妆品的处理，包括化妆品及相关包装材料的安全标准、标示、广告、价格、有机认证，以及禁止经营、进口和销售的产品；第四章主要是监督内容，规定了化妆品报告和检查、纠正、指令、注销等；第五章为附则；第六章为处罚条款。

相比之前的版本，新一版《化妆品法》中加入了“禁止出借资格”“禁止使用相近名称”“取消定制化妆品调剂经理资格”“撤销对功能性化妆品的认可”等方面的内容。

《药事法》新一版为第 18307 号法，执行日期是 2022 年 7 月 21 日。该法对医药外品进行了规定。

《化妆品执行令》新一版为第 32445 号总统令，执行日期是 2022 年 2 月 18 日。该令规定了《化妆品法》所授权的事项及其实施所需的事项。

《化妆品法实施细则》新一版为 2020 年第 1795 号总理令，执行日期是 2022 年 6 月 19 日。该细则规定了《化妆品法》及其执行令中所授权的事项及其实施的必要事项，包括功能性化妆品的定义。

《天然化妆品和有机化妆品的标准相关规定》新一版为韩国食品药品安全部 2019-66 号公告，执行日期是 2019 年 7 月 29 日。其根据《化妆品法》第二条第二款之二以及第三条制定了天然和有机化妆品标准，向化妆品行业和消费者提供准确的信息。该规定细化了天然和有机化妆品的定义，规定了材料范围及制造工艺、包装、贮存及审查要求。

第二节　化妆品的定义及分类

一、化妆品的定义

1. 韩国化妆品的定义

韩国《化妆品法》第一章第二条规定：化妆品是指为了人体清洁、美化，增加魅力，使容貌变得靓丽，或者为了维持或增进皮肤、毛发的健康而涂抹在人体上，用揉搓或喷洒等类似方法使用的物品，对人体的作用轻微。《药事法》第二条第四款的医药外品除外。同时规定：天然化妆品是指含有动植物及其制品的原料的化妆品，符合食品医药品安全部规定的标准的化妆品；有机化妆品是指含有有机原料、动植物及其制品的化妆品，符合食品医药品安全部规定的标准的化妆品。

《化妆品法》第一章第二条给出了“功能性化妆品”的定义，而《化妆品法实施细则》（2020 年 8 月 5 日修订）第二条细化了“功能性化妆品”，包括：

（1）通过防止黑色素在皮肤上引起色素沉着，抑制黄褐斑、雀斑等的生成，有助于美白肌肤的产品；

（2）淡化沉淀在皮肤上的黑色素，帮助皮肤美白的产品；

（3）通过提升皮肤弹性来舒缓或改善皮肤皱纹的产品；

（4）能够抵挡强烈阳光，防止皮肤晒黑的产品；

（5）能够阻挡或散射紫外线来保护皮肤免受紫外线伤害的产品；

（6）具有使头发颜色发生变化（包括脱色、漂白）功能的化妆品，但不包括暂时改变头发颜色的产品；

（7）能够去除毛发的产品，但不包括物理去除的产品；

（8）有助于缓解脱发症状的产品，但不包括用物理方法使头发看起来更厚的涂层类产品；

（9）有助于缓解皮肤痤疮症状的清洁类产品；

（10）通过恢复皮肤屏障（指皮肤最外层的角质层表皮）的功能帮助改善瘙痒的化妆品；

（11）有助于减淡妊娠纹的产品。

《天然化妆品和有机化妆品的标准相关规定》第一章第二条对有机化妆品的原料进行了补充说明，将有机原料定义为：根据《促进生态友好型农业和渔业以及有机食品的管理和支持等法》或韩国食品药品安全部 2019-66 号公告中允许的物理方法进行加工的产品；在国际有机农业联盟（IFOAM）注册的认证机构或根据外国政府（美国、欧盟、日本等）制定的标准认证的有机农、水产品。其中，原料包括“植物性原料”，即植物（包括海藻类等海洋植物，蘑菇类等菌丝体类）本身未经加工，或者用这种植物按照该公告允许的物理工艺加工的化妆品原料；“动物性原料”，即动物本身（除细胞、组织、器官外）和从动物身上自然生产的产品，未经加工，或者是由该动物自然生产，根据该公告允许的物理工艺加工的鸡蛋、牛奶、牛奶蛋白质等化妆品原料；“矿物原料”是指根据地质学作用自然生成的物质，根据该公告中允许的物理工艺加工的化妆品原料，但是不包括源自化石燃料的物质；“矿物衍生原料”是指以矿物原料为材料，按照该公告允许的化学工艺或生物工艺处理的《天然化妆品和有机化妆品的标准相关规定》附表 1 中的原料。

《药事法》将医药外品定义为：食品药品安全部部长指定的下列物品之一：用于治疗、减轻或预防人类或动物疾病的纤维、橡胶制品等；任何对人体作用微弱或不直接对人体起作用且不是设备的物质；用于预防传染病的杀菌、杀虫及类似用途的制剂。《指定医药外品范围》（食品药品安全部公告第 2020-48 号，执行日期为 2020 年 6 月 1 日）则将具体的医药外品列出，其中与化妆品相关的是：漱口水（包括防止口腔不适的漱口水，但不包含过氧化氢含量小于 0.75% 的制剂，包括释放过氧化氢的化合物或混合物）；止汗剂：用于通过抑制汗液产生来防止异味的外用剂；热疹、红斑缓解药膏：用于缓解和改善皮疹的外用喷雾剂、氧化锌软膏剂或炉甘石 / 氧化锌洗剂；牙齿制剂：含有 1500 ppm 及以下氟或 0.75% 及以下过氧化氢的制剂，用于使牙齿变白并保持持久；以人体保健为目的，适用于人体的蚊子、螨虫等忌避剂。

2. 中国化妆品的定义及与韩国的差异

我国自2021年1月1日起施行的《化妆品监督管理条例》中对化妆品的定义为：以涂擦、喷洒或者其他类似方法，施用于皮肤、毛发、指甲、口唇等人体表面，以清洁、保护、美化、修饰为目的的日用化学工业产品。中国的化妆品定义中没有韩国的“天然化妆品”和“有机化妆品”的概念，也不涉及药品，自然也没有“药妆”的概念。

此外，韩国于2016年便开始了定制化妆品的探索，食品药品安全部负责定制化妆品销售安全管理，组织企业开展定制试点工作。2018年版《化妆品法》正式将定制化妆品纳入，并在2021年8月17日的修订版中进一步规范了定制化妆品的名称等。该法将“定制化妆品销售”定义为在化妆品销售店，根据顾客的要求将色素、香料、营养成分等与成品现场混合销售的行为。参与化妆品定制的企业可向管辖区的食药厅提出申请，在指定的化妆品销售店开展定制服务，地方食药厅每隔一个月向食药厅本部化妆品政策科进行现状报告。参与定制的化妆品要求有固定的基本剂型（类型），在基本剂型没有变化的范围内进行特定成分的混合，且混合后“品牌名”（包括产品名）不得改变，且不能仅混合原料。从事定制型化妆品的销售者，应该按照总理令的规定向食品药品安全部登记。现场从事混合、分装业务的定制型化妆品调剂管理师也应当取得一定的资质。中国化妆品还没有对“定制化妆品”给出明确定义与规范，但2022年上海市人民代表大会常务委员会发布的《上海市浦东新区化妆品产业创新发展若干规定》第十条规定：本市化妆品备案人、境内责任人可以在浦东新区设立的经营场所，根据消费者的个性化需求，对其备案的普通化妆品（不含儿童化妆品、眼部护肤类化妆品、使用新原料的化妆品等）现场提供包装、分装服务，或者自行、委托本市化妆品生产企业生产。现场提供包装、分装服务且涉及直接接触化妆品内容物的化妆品备案人、境内责任人应当对化妆品质量安全进行风险评估，并向浦东新区市场监督管理部门申请生产许可。符合条件的，核发化妆品生产许可证。化妆品备案人、境内责任人应当建立相应的化妆品生产质量管理体系，定期向浦东新区市场监督管理部门提交生产质量管理体系自查报告。

二、化妆品的分类

1. 韩国化妆品的分类

韩国《化妆品法实施细则》（2022 年 2 月 18 日以前的版本，新版本中没有分类）附表 3 中对化妆品的分类进行了说明，详见表 1-1。注意，表 1-1 未按一般化妆品和功能性化妆品这两大类进行区分，次级分类中不包含医药外品。其中，较特殊的是第 3 类：人体清洁产品，其根据《产品质量经营和工业产品安全管理法》第二条第十款的规定，将香皂排除在外，并对湿巾有特殊的规定。

表 1-1　韩国化妆品分类

1. 婴幼儿产品（3 岁以下儿童）		
婴幼儿洗发水、护发素	婴幼儿乳液、面霜	婴幼儿护肤油
婴幼儿清洁产品	婴幼儿沐浴产品	
2. 沐浴产品		
洗浴用油状、片状、胶囊状产品	浴盐类	泡泡浴产品
其他沐浴产品		
3. 人体清洁产品（不包括香皂）		
泡沫洁面乳	沐浴露	液体香皂
外阴部清洁剂	湿巾*	其他清洁产品
4. 眼部彩妆		
眉笔	眼线	眼影
睫毛膏	眼部卸妆液	其他眼部化妆品
5. 芳香产品		
香水	粉末香氛	香囊
古龙水	其他芳香用产品	
6. 染发产品（非永久性）		
染发产品（维持时间较短）	染发喷雾	脱盐和脱色产品
染发产品（维持时间较长）	其他染发用品	
7. 彩妆产品		
腮红	散粉和蜜粉饼	粉底液、粉底霜和粉饼
妆前打底产品	定妆产品	唇膏、唇线笔
唇彩、润唇膏	身体及脸部彩绘、装扮用品	其他彩妆用品

表 1-1（续）

8. 美发产品		
护发素	生发育发型护发素	头发修饰用护发素
发乳、发霜	护发精油	发蜡
发用喷雾、摩丝、蜡、啫喱	洗发水和护发素	烫发产品
直发产品	发际线填充剂	其他发用产品
9. 指甲用产品		
指甲底油	指甲油	亮甲油
护甲霜、乳液、精华	卸甲产品	其他指甲用产品
10. 剃须产品		
须后乳	男性用润滑粉末	须前乳
剃须膏	剃须泡沫	其他剃须用产品
11. 基础化妆品		
化妆水	按摩霜	精华
护肤粉	身体用产品	面膜、面贴膜
眼周产品	乳液和霜	护手、护脚产品
卸妆水、卸妆油、卸妆乳、卸妆膏等卸妆类产品	其他基础化妆产品	
12. 除臭产品		
除臭剂	其他除臭用产品类	
13. 脱毛产品		
脱毛剂	脱毛蜡	其他脱毛产品
* 根据《卫生产品管理法》（第二条第一款条目二）中提到的《食品卫生法》第三十六条第一款第三项，可以在餐饮服务业的营业场所用于洗手，以及《医疗法》第二十九条规定的殡仪馆或第三条规定的医疗机构所用的用于擦拭尸体的包装湿巾除外。		

2. 中国化妆品的分类及与韩国的差异

根据我国国情以及监管要求，《化妆品监督管理条例》将化妆品分为特殊化妆品和普通化妆品两大类。用于染发、烫发、祛斑美白、防晒、防脱发的化妆品以及宣称新功效的化妆品为特殊化妆品。特殊化妆品以外的化妆品为普通化妆品。

为规范化妆品生产经营活动，保障化妆品的质量安全并贯彻落实《化妆品监督管理条例》，规范和指导化妆品分类工作，2021 年，国家药品监督管理局制定了

《化妆品分类规则和分类目录》，明确要求化妆品注册人、备案人应当根据化妆品功效宣称、作用部位、使用人群、产品剂型和使用方法进行分类编码。

国家食品药品监督管理总局 2015 年 12 月发布的《化妆品生产许可工作规范》以生产工艺和成品状态为主要划分依据，将化妆品划分为以下 7 个单元，共对应 15 个类别：

（1）一般液态单元，包括护发清洁类、护肤水类、染烫发类、啫喱类；

（2）膏霜乳液单元，包括护肤清洁类、护发类、染烫发类；

（3）粉单元，包括散粉类、块状粉类、染发类、浴盐类；

（4）气雾剂及有机溶剂单元，包括气雾剂类、有机溶剂类；

（5）蜡基单元，包括蜡基类；

（6）牙膏单元，包括牙膏类；

（7）其他单元。

具有抗菌、抑菌功能的特种洗手液、特种沐浴剂，香皂和其他齿用产品不在发证范围。

GB/T 18670—2017《化妆品分类》中分别按照使用部位和功能对化妆品进行了详细分类，见表 1-2。

表 1-2　GB/T 18670—2017 的化妆品分类

部位	功能		
	清洁类化妆品	护理类化妆品	美容 / 修饰类化妆品
皮肤	洗面奶（膏） 卸妆油（液、乳） 卸妆露 清洁霜（蜜） 面膜 浴液 洗手液 洁肤啫喱 花露水 洁颜粉 洁面粉	护肤膏（霜） 护肤乳液 化妆水 面膜 护肤啫喱 润肤油 按摩精油 按摩基础油 花露水 痱子粉 爽身粉	粉饼 胭脂 眼影（膏） 眼线笔（液） 眉笔（粉） 香水 古龙水 香粉（蜜粉） 遮瑕棒（膏） 粉底液（霜） 粉条 粉棒 腮红 粉霜

表 1-2（续）

<table>
<tr><th rowspan="2">部位</th><th colspan="3">功能</th></tr>
<tr><th>清洁类化妆品</th><th>护理类化妆品</th><th>美容 / 修饰类化妆品</th></tr>
<tr><td>毛发</td><td>洗发液
洗发露
洗发膏
剃须膏</td><td>护发素
发乳
发油 / 发蜡
焗油膏
发膜
睫毛基底液
护发喷雾</td><td>定型摩丝 / 发胶
染发剂
烫发剂
睫毛液（膏）
生（育）发剂
脱毛剂
发蜡
发用啫喱水
发用漂浅剂
定型啫喱膏</td></tr>
<tr><td>指（趾）甲</td><td>洗甲液</td><td>护甲水（霜）
指甲硬化剂
指甲护理油</td><td>指甲油
水性指甲油</td></tr>
<tr><td>口唇</td><td>唇部卸妆液</td><td>润唇膏
润唇啫喱
护唇液（油）</td><td>唇膏
唇彩
唇线笔
唇油
唇釉
染唇液</td></tr>
<tr><td colspan="4">注：产品名称只是举例，难以穷尽目前市场上所有产品。</td></tr>
</table>

相比较而言，韩国主要按照用途对化妆品进行分类，而中国是按照监管需要、安全性、用途、工艺等方式进行分类。同一产品在不同的规定中可能属于不同的类别。

第三节　化妆品安全体系概况

一、化妆品监管体系

1. 韩国化妆品监管体系

韩国明确规定“制造销售者”承担化妆品质量安全的全部责任，强调企业自律，另外还针对产品投放市场的责任人建立了制造销售商许可制度，强化企业的主体责任。

韩国化妆品产业的官方监管机构为韩国食品药品安全部（Ministry of Food and Drug Safety，MFDS）。MFDS原为韩国食品药品安全厅（Korean Food and Drugs Administration，KFDA），隶属韩国保健福利部（Ministry of Health and Welfare），后于2013年升级为部级，并转而隶属于国务总理室（Office for Prime Minister）。升级后的MFDS具备独立立法权，未升级前的安全厅只具备法律修订权。

MFDS分为总部、评估中心、地方厅。

总部最高管理者为食品药品安全部部长，下设发言人及次长，次长之下设中央调查组、审计督查、网络调查员、总授权干事、高科技产品许可官、企划协调院、营运支持科、消费者危害预防局、食品安全政策局、进口食品安全政策局、食品消费安全局、药物安全局、生物制药和草药局、医疗器械安全局等。

评估中心主要对食品药品进行安全评估，下设营运支持科、规划统筹科、事前咨询科、加急审查科、高级分析中心、食品危害评价部、医药审查部、生物制药和中草药审查部、医疗器械审查部、医疗产品研究部、毒性评价研究部等。

地方厅的基本职能与总部相似，韩国境内分设了首尔、釜山、京仁、大邱、光州、大田6个地方厅，其中首尔、釜山、京仁、光州、大田5个地方厅下都设有进口食品检验中心。

以上的部门中与化妆品息息相关的是总部的生物制药和草药局下属的化妆品政策科，评估中心的生物制药和中草药审查部下属的化妆品审查科和医疗产品研究部下属的化妆品研究院。

化妆品政策科的主要任务包括：

（1）制定和调整化妆品相关政策；

（2）建立和修订有关化妆品的法令和告示；

（3）制定化妆品制造和质量控制标准体系的综合规划；

（4）建立和协调对化妆品的监管计划；

（5）化妆品的生产、进口业绩和原料目录统计管理；

（6）制定和调整化妆品质量管理与回收、销毁有关的综合计划；

（7）探索和比较国际组织和发达国家关于化妆品标准和规格的新信息；

（8）化妆品原料、产品的危害要素分析和质量安全管理总结及调整；

（9）制定并修订化妆品相关指南、解析；

（10）化妆品安全性信息处理；

（11）化妆品标识、广告实证制度运作；

（12）根据《濒危野生动植物种国际贸易公约》（CITES）批准出口、进口和销售化妆品；

（13）化妆品相关团体、法人管理；

（14）化妆品安全技术开发和国际合作支援；

（15）进口化妆品免检企业出国考察；

（16）指定和运作有关确保化妆品安全性的教育实施机构，制定和运营教育计划；

（17）化妆品人体适用试验管理；

（18）化妆品制造和质量管理标准制定和运作。

化妆品审查科的主要任务包括：

（1）审查医药外品的质量及安全性、有效性；

（2）检查化妆品的标识、广告实证资料；

（3）功能性化妆品审查；

（4）审查化妆品的标准、试验方法及规格，进行安全性评价；

（5）医药外品质量资料审核；

（6）医药外品初检；

（7）公开医药外品审核相关信息；

（8）化妆品和医药外品的标准、规格设定及运营支援；

（9）颁布和修订化妆品和医药外品许可、审查相关指南、解析；

（10）支持化妆品人体应用测试；

（11）运营及改善化妆品及医药外品优秀评审。

化妆品研究院的主要任务包括：

（1）对化妆品和医药外品及卫生用品（与食品安全相关的卫生用品除外，下同）的规格、标准和评价的调查与研究；

（2）对化妆品和医药外品的制造及质量控制标准的调查与研究；

（3）对化妆品和卫生用品风险管理及有害物质标准的调查与研究；

（4）化妆品和医药外品及卫生用品安全性审查相关的技术支持；

（5）指定化妆品检验机构并开展实际情况调查；

（6）化妆品和医药外品标准品管理与销售；

（7）与上述（1）、（6）工作相关的试验审查。

另外，可能与化妆品业务产生交集的部门还有消费者危害预防局下属的风险信息部，其主要负责风险信息的收集及管控；毒性评价研究部下属的毒理学系，其主要负责毒性物质的测试和研究。

韩国政府对化妆品相关产业的监督管理主要包括：制造者、销售者的登记管理；医药外品及功能性化妆品的前期审批；市场流通期的监管。

《化妆品法实施细则》第十一条规定的化妆品制造商的义务包括：

（1）按照品质管理标准，接受制造销售商的指导、监督及要求；

（2）编制和存储制造管理标准、产品标准、制造管理记录和质量管理记录（包括电子文件）；

（3）预防卫生危害，加强对制造厂、设施和机构的卫生管理，防止污染；

（4）对制造化妆品所需的设施和器具进行定期检查、维护保养，确保不耽误工作；

（5）工作场所不得存放危险物品，作业场所不得排放危害国民健康及环境的有害物质；

（6）应将上述（2）中必要的项目提交给负责销售的化妆品公司进行备份，除非销售和生产商为同一家，或涉及机密；

（7）化妆品从原材料入库到成品交付的流程中应当进行必要的测试、检查或鉴定；

（8）委托生产或质量检查时，应严格对被受托方进行管理和监督，并接受检查有关制造或质量管理的记录，进行维护和管理。

《化妆品法实施细则》第十二条规定的化妆品销售商的义务包括以下方面。

（1）遵守质量管理标准。

（2）制造和售后遵守安全管理标准。

（3）保留从制造商处收到的产品标准和质量控制记录。

（4）准备并保留进口化妆品的进口控制记录。

（5）严格按照生产编号进行质量检查后才能进入流通环节。

（6）委托生产商进行生产或质量检查时，应对受托人进行严格管理和监督，接受生产和质量管理的相关记录，并对其最终产品进行质量管理。

（7）尽管有上述（5）的规定，但对于第二条第二项（3）的化妆品责任销售者，如果所销售产品的制造国制造公司的质量管理标准得到国家间相互认证，或者根据第十一条第二项被认定为与 MFDS 告示的优秀化妆品制造管理标准水平相同或在其之上时，可以不进行国内质量检查。在这种情况下，生产国生产企业的质量检验检测报告将更换成质量控制记录。

（8）注册的化妆品销售商不打算对进口化妆品进行质量检查时，应根据 MFDS 部长的规定，向其申请对进口化妆品制造商进行实地考察。

（9）根据第二条第二款（c）项注册了多个化妆品销售业务的人，必须遵守《对外贸易法》中的进出口准则，以《电子贸易促进相关法律》规定的电子贸易文件进行标准通关预定报告。

（10）当得知可能直接影响与产品相关的公共健康的新的安全性和有效性数据或信息（包括因使用化妆品引起的副作用的情况）时，应根据 MFDS 制定的公告进行报告，并制定必要的安全对策。

（11）含有视黄醇（维生素 A）及其衍生物、抗坏血酸（维生素 C）及其衍生物、生育酚（维生素 E）、过氧化物化合物、酵母中任一成分 0.5% 以上的产品，自成品制造日起算保质期为 1 年。

2020 年 3 月，《化妆品法实施细则》新增了对定制化妆品的销售规定，由于定制化妆品是在零售端进行现场制作的一项业务，因此规定主要针对销售商，为零售店中的人员、制造设备、流程及销售服务提供了一定的保障。

如果要开启定制化妆品业务，首先需要有一位具有资格证书的“定制化妆品销售业务管理人”，之后将业务申请书提交业务所在地的食品药品安全厅。厅长在收到申请后需要根据《电子政府法》确认申请公司的法人登记事项证明书，如果审核确认符合要求，则可以签发申请。

此外，特殊的还有对婴幼儿化妆品的管理。《化妆品法》中规定宣称用于婴幼儿的化妆品必须保存每种产品的安全性数据和质量数据，主要包括产品及制造方法的说明材料、化妆品安全性评价资料以及产品功效的证明。

韩国对化妆品制造和销售者的登记主要由各地方厅负责。功能型化妆品的上市前审查则由 MFDS 负责。产品的许可审批需要进行产品安全性以及有效性的审查，还需进行标准和试验方法的审查，这些都由 MFDS 负责。此外还要进行产品的申告审批，这由各地方厅负责，该阶段无须进行安全性及有效性审查，主要进行标准和试验方法的审查。市场监管同样由各地方厅主导，各地保健所及市政府等部门负责抽查，汇报至地方厅，由地方厅确认并进行处罚。

2. 中国化妆品监管体系

中国化妆品的监管目前主要由国家市场监督管理总局下属的国家药品监督管理局化妆品监督管理司专门负责，该司由以下三个处室组成。

（1）综合处。负责司内综合事务。统筹化妆品监管能力建设。

（2）监管一处。负责拟订并组织实施化妆品注册备案和新原料分类管理制度。组织拟订并监督实施化妆品标准、分类规则、技术指导原则。

（3）监管二处。负责拟订化妆品检查制度，检查研制现场，依职责组织指导生产现场检查，组织查处重大违法行为。组织质量抽查检验，定期发布质量公告。组织开展不良反应监测并依法处置。

此外，国家药品监督管理局政策法规司负责研究化妆品监督管理重大政策；组织起草法律法规及部门规章草案；承担规范性文件的合法性审查工作；承担执法监督、行政复议、行政应诉工作；承担行政执法与刑事司法衔接管理工作；承担普法宣传工作。科技和国际合作司（港澳台办公室）承担组织研究实施化妆品审评、检查、检验的科学工具和方法；研究拟订鼓励新技术新产品的管理与服务政策；拟订并监督实施实验室建设标准和管理规范、检验检测机构资质认定条件和检验规范；组织实施重大科技项目；组织开展国际交流与合作，以及与港澳台地区的交流与合作；协调参与国际监管规则和标准的制定。

中国的化妆品管理法规体系可分为法律、法规、部门规章、规范性文件等层次。

（1）涉及化妆品的法律主要有《中华人民共和国行政许可法》《中华人民共和国产品质量法》《中华人民共和国消费者权益保护法》《中华人民共和国广告法》等，其对化妆品的行政许可、生产、产品质量、消费者权益保护和广告管理等方面进行了一般性规定。

（2）化妆品相关的法规主要包括《化妆品监督管理条例》《中华人民共和国工业产品生产许可证管理条例》《中华人民共和国进出口商品检验法实施条例》等。

（3）化妆品相关部门规章、规范性文件较多，内容涉及化妆品日常管理、行政许可、行政许可检验管理、备案管理、申报与审评、审评专家管理、风险监测与控制、原料要求、新原料管理、产品技术要求、产品卫生要求、产品命名、标签标识、检测方法等方面，在2020年《化妆品监督管理条例》发布后公布、实施的主要包括《化妆品注册备案管理办法》《化妆品注册备案资料管理规定》《化妆品新原料注册备案资料管理规定》《化妆品安全评估技术导则（2021年版）》《化妆品分类规则和分类目录》《化妆品功效宣称评价规范》《化妆品注册备案资料提交技术指南（试行）》《化妆品补充检验方法管理工作规程》《化妆品补充检验方法研究起草技术指南》《化妆品标签管理办法》《化妆品生产经营监督管理办法》《儿童化妆品监督管理规定》等。

国家市场监督管理总局直属机构中还有三家有化妆品监管的相关职能，分别为：中国食品药品检定研究院、国家药品不良反应监测中心、食品药品审核查验中心。此外，为树立科学监管理念，充分发挥专家在化妆品监管工作中的作用，国家药品监督管理局还组织成立了化妆品安全专家委员会。这些机构和专家通过分工与配合，共同构建起了化妆品法规修订、注册审批、抽检监测、风险防控、技术交流等各个环节的技术支撑体系，在我国化妆品监管中发挥着极其重要的作用。

（1）中国食品药品检定研究院是国家检验药品生物制品质量的法定机构和最高技术仲裁机构，主要承担食品、药品、医疗器械、化妆品及有关药用辅料、包装材料与容器的检验检测工作，组织开展药品、医疗器械、化妆品抽验和质量分析工作，负责相关复验、技术仲裁，组织开展进口药品注册检验以及上市后有关数据收集分析等工作；承担药品、医疗器械、化妆品质量标准、技术规范、技术要求、检验检测方法的制修订以及技术复核工作，组织开展检验检测新技术新方法新标准研究，承担相关产品严重不良反应、严重不良事件原因的实验研究工作；负责医疗器械标准管理相关工作；承担生物制品批签发相关工作；承担化妆品安全技术评价等工作。

（2）国家药品不良反应监测中心，即原国家食品药品监督管理总局药品评价中心，其主要职能有：组织制订药品不良反应、医疗器械不良事件监测与再评价以及药物滥用、化妆品不良反应监测的技术标准和规范；组织开展药品不良反应、医疗器械不良事件、药物滥用、化妆品不良反应监测工作；开展药品、医疗器械的安全性再评价工作；指导地方相关监测与再评价工作，组织开展相关监测与再评价的方法研究、培训、宣传和国际交流合作；参与拟订、调整国家基本药物目录；参与拟订、调整非处方药目录等。

根据职能要求，国家药品不良反应监测中心内设8个机构，其中包括化妆品部。在化妆品监管方面，主要负责组织制订化妆品不良反应监测的技术标准和规范，组织开展化妆品不良反应监测工作，承担化妆品不良反应报告的收集、分析、评价和上报工作等。

（3）食品药品审核查验中心主要职能有：组织制定药品、医疗器械、化妆品审核查验工作的技术规范和管理制度，参与制定药品、医疗器械、化妆品相关质量管理规范及指导原则等技术文件；组织开展药品注册现场核查相关工作，开展药物研究、药品生产质量管理规范相关的合规性核查和有因核查，开展医疗器械相关质量管理规范的合规性核查、临床试验项目现场核查以及有因核查，组织开展药品、医疗器械、化妆品质量管理规范相关的飞行检查；承担相关国家核查员的聘任、考核、培训等日常管理工作，开展审核查验机构能力评价相关工作；负责汇总分析全国药品审核查验相关信息，开展相关风险评估工作，开展药品、医疗器械、化妆品审核查验相关的理论、技术和发展趋势研究，组织开展相关审核查验工作的学术交流和技术咨询；组织开展药品、医疗器械、化妆品相关境外核查工作，承担审核查验相关的国际交流与合作工作等。

在化妆品监管方面，食品药品审核查验中心主要负责化妆品审核查验工作技术规范、管理制度、相关质量管理规范及指导原则等技术文件的制定，组织开展化妆品质量管理规范相关的飞行检查、境外核查，以及开展相关审核查验工作的学术交流和技术咨询工作等。

二、化妆品行业协会

化妆品的质量要提升，光靠政府的监管是远远不够的，中、韩两国均建立了化妆品行业协会，从民间层面促进化妆品企业的健康发展，并作为与监管部门沟通的桥梁，反馈行业内的一些问题，协助政府制定方针政策。

1. 韩国化妆品行业协会

韩国《化妆品法》第三章第十七条规定：经营者可以成立团体，以保障自主活动和共同利益，促进提高国民健康。在韩国有许多化妆品行业相关协会，其中最主要的两个为大韩化妆品工业协会（Korea Cosmetic Association，KCA）及大韩化妆品产业研究院（Foundation of Korea Cosmetic Industry Institute，KCII）。此外，还有韩国国际贸易协会（Korea International Trade Association，KITA），其为韩国化妆品贸易做支援工作。

大韩化妆品工业协会的主要业务包括：对化妆品行业发展情况进行调查研究并

收集数据，研究并推广相关法律和制度，提供制造技术及改进意见，提供行业振兴发展的政策建议，维持交易秩序，增加会员福利及相互联系，接受政府管理厅或有关机构的委托，提供化妆品进出口指导，开展化妆品产业发展培训项目，从事化妆品相关书籍出版工作，促进国际交流与业务合作等。

大韩化妆品产业研究院是第一家也是唯一一家由私营企业、政府以及当地政府（京畿道和乌山市）共同建立的化妆品研究机构。其主要工作内容包括：提供有关化妆品出口和化妆品安全的信息，产品质量认证和化妆品质量控制，使用先进技术培训专业人才，与企业、学术及研究机构多方合作实施共同项目等；主要的研究项目包括：全球化妆品市场分析，化妆品成分的安全性审核，各国皮肤特征数据库建立，化妆品质量保证测试等。

2. 中国化妆品行业协会

我国化妆品领域的全国性协会是中国香料香精化妆品工业协会（CAFFCI），其成立于1984年，是具有社会团体法人资格的国家一级工业协会，是由香料香精、化妆品生产企业及其原料、设备、包装企业和相关科研、设计、教育等企、事业单位和个人自愿组成的全国性、行业性、非营利性的社会组织，现有会员单位1200余家。其主要职能如下。

（1）受政府委托起草行业发展规划和产业政策，积极推动行业发展。

（2）开展行业调查研究，向政府部门提出有关行业法规和政策的意见或建议，参与政府部门有关本行业法规、政策、标准等的制定、修订工作，并组织宣讲培训和贯彻实施。

（3）制订并组织实施行业自律性管理制度，规范行业行为，推动行业诚信建设，维护公平竞争的市场环境。

（4）反映行业情况和会员诉求，协调处理会员发生的纠纷和应急事件，维护行业和会员合法权益。

（5）根据授权组织开展行业统计，收集、分析、研究和发布行业信息，为政府部门制订产业政策提供依据，为行业提供信息指导与服务，加强信息化建设。

（6）依照政府有关规定，创办刊物、网站及相关媒体等。

（7）与有关部门配合对本行业的产品质量实行监督，发布行业产品质量信息，组织开展行业新技术、新工艺、新原料、新产品等推广应用和交流。

（8）受政府部门委托，指导行业质量管理工作，参与承担本行业科技成果的鉴定有关工作，组织项目推荐和科技成果转化、推广工作。

（9）培育建设行业产业集群和特色区域。

（10）促进行业品牌建设。

（11）经政府有关部门批准，组织制定、修订国家标准和行业标准及团体标准等。

（12）受政府委托承办或根据市场和行业发展需要组织行业的国内外展览会、投资洽谈会、商贸活动等，培育国内的专业市场。

（13）积极组织技术、学术研讨、交流、报告会，开展国（境）内外经济技术交流与合作。组织开展行业人才、职业技能和其他专业培训，推动行业整体技术水平提升。

（14）代表行业参加有关国际行业组织和国际行业会议，开展国际或地区行业组织间的交流与合作。

（15）参与协调对外贸易争议，帮助会员做好反倾销、反补贴和保障措施的应诉、申诉等工作。

（16）倡导会员履行社会责任，开展、参与各类公益活动，树立行业良好社会形象。

（17）承担政府和有关部门委托的其他任务。

第四节　化妆品准入制度

一、韩国化妆品准入制度

根据韩国《化妆品法》的规定，想要从事化妆品制造业或化妆品责任销售业的人，应根据总理令的规定，向 MFDS 登记。变更登记事项中总理令规定的重要事项时也一样。一般化妆品上市前无须进行任何备案或许可，功能性化妆品上市前需要进行审查或报告，天然或有机化妆品则有有效期 3 年的认证制度，医药外品需要通过申告或许可。不在韩国国内销售的产品仅需符合、遵守出口国的规定即可。

功能性化妆品的审查需要 3～4 个月，提交审查报告则可以在当天或次日得到回复，但并非所有产品都可以用递交报告的方式来通过审查，只有以下产品可以采取这种形式：与告示的功效原料种类、含量、效果、用法、用量和标准以及试验方法相同的产品；和已经审核过的功能性化妆品有相同的功效原料、规格、含量、效果、标准及实验方法等的产品（仅限相同制造销售者或制造者）。

审核申请需要准备以下材料：

（1）原产地及开发进度报告；

（2）安全性材料：单剂量毒性试验数据、原发性皮肤刺激性试验数据、眼部黏膜刺激或其他部位黏膜刺激性试验数据、皮肤致敏性数据、光毒性和光敏试验数据、人体皮肤斑贴试验数据；

（3）有效性及功能性材料：效力测试数据、人体试验数据；

（4）紫外线隔离指数及紫外线 A 隔离等级评分数据（具备阻挡紫外线或散射紫外线，保护皮肤不受紫外线伤害功能的化妆品适用）；

（5）标准及试验方法相关材料。

医药外品上市前需要经过申告或者许可，仅标识经过批复的项目，其中申告需要 2 个月，许可批复则需要 3～12 个月。需要提交的材料包括：安全性、有效性相关资料及规格和测试方法的数据。

二、中国化妆品准入制度

《化妆品生产经营监督管理办法》规定：国家对化妆品生产实行许可管理。从事化妆品生产活动，应当依法取得化妆品生产许可证。这主要是为了适应我国化妆品生产企业的实际情况。

《化妆品监督管理条例》规定：国家对特殊化妆品实行注册管理，对普通化妆品实行备案管理。

中国化妆品市场准入制度的发展趋势是在不降低产品安全监管要求的基础上，将监管重心由准入审批调整为加强事中事后监管。考虑到国内中小化妆品企业较多，生产和质量管理良莠不齐，中国的市场准入规定总体上严于韩国。

第五节　化妆品上市后的监管和安全报告制度

一、韩国化妆品上市后的监管

韩国对化妆品的日常监督管理主要分为定期检查和不定期检查。

定期检查是由 MFDS 按照需求每年制定抽检计划，制定该年度需要抽检的产品种类以及责任单位等，地方厅按照计划进行抽检。若在抽检中发现不良情况，则立即对其处理并上报 MFDS。

不定期检查是由 MFDS 根据市场上实际流通销售的各种情况（如遇到重大安全事件或者紧急需要时）进行的。

韩国《化妆品法》第四章第十八条规定：

（1）MFDS 部长认为有必要时，可向业务经营者、销售者或处理该企业化妆品的其他人员索要所需的报告，或可命令有关公职人员前去化妆品制造地点、办公室、仓库、销售处等地或其他经营化妆品的场所对其设备或相关账本或资料、其他物品进行检查，或者提问相关人；

（2）MFDS 部长可以收集并检查必要的最低数量化妆品，以检查其质量、安全标准、包装的描述和标签等是否适当；

（3）按照总理令规定，MFDS 部长可以对产品销售实行监督管理；

（4）在上述（1）的情况下，有关公职人员应向有关人员出示证明其职权的证明；

（5）上述（1）、（2）所涉公务员的资格和其他必要事项由总理令规定。

另外，韩国还设置了消费者化妆品监督员，在化妆品流通过程中如果发现产品或包装不符合要求，则可以向辖区行政机关申报或者提供相关资料。

《化妆品法》第四章还对纠正命令、检查命令、修改命令、作废命令、登记的取消及品目制造停止等进行了规定，列明能够采取的措施和惩罚手段，对权力的赋予和限制进行了细化说明。

除了监督管理之外，MFDS 依据《化妆品法》第五条、《化妆品法实施细则》第十二条制定了《化妆品安全性信息管理规定》，详细规定了收集、审核和评估化妆品相关安全性信息的程序，以期建立合适的安全管理对策，保障国民健康。

按照《化妆品安全信息性管理规定》的要求，化妆品制造销售者必须向 MFDS 报告与化妆品相关的所有安全性信息。报告分为快速报告和定期报告两类。化妆品制造销售者必须在得知以下信息的15天之内向MFDS进行快速报告：严重不良反应，或者MFDS部长要求报告的与之相关的情况，国外监管部门采取或命令采取的禁止销售或者召回的措施，或者MFDS部长要求报告的与之相关的情况。对于其他安全性信息，包括还没有显示因果关系的不良反应的案例，化妆品制造销售者有责任每半年汇编成一个定期报告递交给MFDS。另外，医生、药师、护士、销售者、消费者或者相关团体等也可以向MFDS或者化妆品制造销售者报告化妆品使用中发生的或知道的不良反应等安全性信息。

近几年，韩国陆续对《化妆品法》及《化妆品法实施细则》进行了修订，修订内容包括：制造者或制造销售者得知流通中的化妆品违反了《化妆品法》部分规定，应立即进行召回或采取必要的措施，并向MFDS部长提前报告召回计划。主动召回或者采取相应措施的制造者或制造销售者，可减轻或免除行政处罚。MFDS部长可要求制造销售者、制造者、销售者或其他涉及化妆品工作的人员对危害化妆品及其原料、材料采取回收、作废等处置措施。上述命令没有被执行或者需要采取紧急措施时，MFDS部长可指派公务员报废相关物品或者进行其他必要的处分。另外，MFDS部长在得知危害化妆品或回收计划的报告时，可以命令公布事实内容，也可以公布确定行政处罚人员的处分和其他事项。

二、中国化妆品上市后的监管

我国化妆品的上市后监管主要包括：化妆品监督抽检、生产经营企业监督检查、不良反应监测等。

（1）化妆品监督抽检任务主要由各级药品监督管理局实施，并在网上公示每次抽检的结果，以惩前毖后。2018年颁布的《化妆品风险监测工作规程》规范和加强了化妆品风险监测工作。在中国食品药品检定研究院设立的化妆品风险监测秘书处，负责化妆品风险监测工作的组织协调和日常管理。另外设立的化妆品风险监测工作组，其成员单位负责收集有关化妆品风险信息，根据计划开展化妆品风险监测工作，并向秘书处提出改进和加强抽检监测等相关建议。各省市的药品监督管理局负责组织本行政区域内检验机构申报风险监测工作组成员单位，并根据风险监测工作情况通报，及时采取相关风险控制措施。

（2）在生产经营企业监督检查方面，《化妆品生产经营监督管理办法》规定：化妆品注册人、备案人应当依法建立化妆品生产质量管理体系，履行产品不良反应监测、风险控制、产品召回等义务，对化妆品的质量安全和功效宣称负责。化妆品生产经营者应当依照法律、法规、规章、强制性国家标准、技术规范从事生产经营活动，加强管理，诚信自律，保证化妆品质量安全。化妆品生产经营者应当依法建立进货查验记录、产品销售记录等制度，确保产品可追溯。鼓励化妆品生产经营者采用信息化手段采集、保存生产经营信息，建立化妆品质量安全追溯体系。

（3）化妆品不良反应是指正常使用化妆品所引起的皮肤及其附属器官的病变，以及人体局部或者全身性的损害。《化妆品监督管理条例》规定：国家建立化妆品不良反应监测制度。化妆品注册人、备案人应当监测其上市销售化妆品的不良反应，及时开展评价，按照国务院药品监督管理部门的规定向化妆品不良反应监测机构报告。受托生产企业、化妆品经营者和医疗机构发现可能与使用化妆品有关的不良反应的，应当报告化妆品不良反应监测机构。鼓励其他单位和个人向化妆品不良反应监测机构或者负责药品监督管理的部门报告可能与使用化妆品有关的不良反应。化妆品不良反应监测机构负责化妆品不良反应信息的收集、分析和评价，并向负责药品监督管理的部门提出处理建议。化妆品生产经营者应当配合化妆品不良反应监测机构、负责药品监督管理的部门开展化妆品不良反应调查。

为进一步加强化妆品不良反应监测，适应新时期的发展业态，2022年国家药品监督管理局发布了《化妆品不良反应监测管理办法》，其规定：化妆品注册人、备案人应当建立化妆品不良反应监测和评价体系，主动收集其上市销售化妆品的不良反应，及时开展分析评价，并按照本办法规定向化妆品不良反应监测机构报告，落实化妆品质量安全主体责任。受托生产企业、化妆品经营者和医疗机构发现可能与使用化妆品有关的不良反应，应当按照本办法规定向化妆品不良反应监测机构报告。国家鼓励其他单位和个人向化妆品不良反应监测机构或者负责药品监督管理的部门报告可能与使用化妆品有关的不良反应，充分发挥社会监督作用，促进化妆品安全社会共治。

第二章　化妆品法规与标准概况

第一节　化妆品法规与标准

一、韩国化妆品法规

韩国食品药品安全部（MFDS）颁布的各种法规包括：《化妆品安全标准等相关规定》（包括第 1 章“总则”、第 2 章“化妆品中禁止使用的原料及需要限制使用的原料的使用标准”、第 3 章“流通化妆品安全管理标准、附则”，以及附录“禁止使用的原料、限制使用的原料、防晒剂成分、染发剂成分、防腐剂”）、《化妆品着色剂种类、标准和试验方法》、《功能性化妆品审查相关规定》、《功能性化妆品标准及试验方法》、《化妆品毒性试验——动物替代试验法指南》、《良好化妆品制造和质量控制标准》等。这些法规对化妆品中禁限用组分、着色剂、试验方法等方面进行了具体规定。其他还有《韩国化妆品成分标准》、《韩国化妆品成分字典》和《成分分类清单》等，作为化妆品标准体系的技术支撑。韩国化妆品的定义和分类跟中国不同，如防腋臭剂、痱子粉等产品在韩国属于医药外品，主要按照《药事法》和《韩国医药外品标准制造基准》进行监管。

二、中国化妆品法规与标准及与韩国的差异

我国化妆品方面的法规主要是国家食品药品监督管理总局发布的《化妆品安全技术规范》（2015 年版）。该规范共 8 章，规定了化妆品的安全技术要求，包括通用要求、禁限用组分要求、准用组分要求以及检验评价方法等。

涉及化妆品领域的标准主要包括以下方面。

（1）基础标准。如 GB 5296.3—2008《消费品使用说明　化妆品通用标签》、GB/T 18670—2017《化妆品分类》、GB/T 27578—2011《化妆品名词术语》、GB/T 37625—2019《化妆品检验规则》、QB/T 1684—2015《化妆品检验规则》、QB/T 1685—2006

《化妆品产品包装外观要求》等，这些标准分别对标签、分类、名词术语、检验规则、包装外观等进行了规定。

（2）安全卫生标准。如 GB 7916—1987《化妆品卫生标准》、GB 7919—1987《化妆品安全性评价程序和方法》等。

（3）检测方法标准。包括微生物、功效成分、禁限用和准用组分、功效评价等。

（4）产品质量标准。涉及润唇膏、按摩精油、睫毛膏、化妆笔、化妆笔芯等，并根据上市产品不断更新。

（5）原料质量标准。包括基础性原料月桂醇磷酸酯、脂肪酰二乙醇胺，功能性原料 D- 泛醇、二氧化钛等。

中、韩两国化妆品法规与标准有以下不同。

（1）监管结构和分布不同。韩国的化妆品法规以通用技术要求和安全要求为主，我国以测定方法标准和产品质量标准为主。

（2）侧重点有所不同。韩国的化妆品法规包含《功能性化妆品审查相关规定》《功能性化妆品标准及试验方法》《天然化妆品和有机化妆品的标准相关规定》等，针对功能性化妆品和有机化妆品等类别特别做了详细要求和规定。

（3）原料标准体系不同。原料的质量对于化妆品成品影响重大，所以原料标准的制定至关重要。韩国采用否定清单式管理对原料进行管理，并没有针对每种原料制定相关的标准，主要按照 MFDS 制定的《化妆品安全标准等相关规定》、《化妆品着色剂种类、标准和试验方法》、《天然化妆品和有机化妆品的标准相关规定》和《功能性化妆品审查相关规定》等公告进行管理。我国除了在《化妆品安全技术规范》中有类似的规定之外，还针对常用的原料制定了 GB/T 33306—2016《化妆品用原料 D- 泛醇》等标准，但是数量较少，覆盖面不广，很多情况下生产企业只能参照食品添加剂的标准、化工标准或者原料的相关标准。

第二节　化妆品包装、标签、宣称和广告

一、韩国化妆品包装与标签

1. 化妆品的包装与标签

韩国《化妆品法》第十条、《化妆品法实施细则》第十九条对化妆品包装、标签做出了具体规定。化妆品包装主要分为一次包装和二次包装。一次包装是指制造化妆品时与内容物直接接触的包装容器；二次包装是指可以收容一次包装的 1 个或 1 个以上的包装和保护材料，以及为了标注内容而进行的包装（包括说明书等）。韩国《化妆品法》第十条对化妆品包装上的标示内容进行了如下规定。

（1）化妆品的一次包装或者二次包装需标注以下内容。

1）化妆品名称。

2）制造者及责任销售者名称及地址，进口化妆品的原产国的名称。

3）化妆品生产中使用的所有成分。

4）内容物的容量或重量。

5）制造编号。

6）使用期限以及开封后的保质期。

7）价格。

8）功能性化妆品应标注“功能性化妆品”字样或者图案，如果该成分的名称是产品名称的一部分，则需要标明该成分的名称和含量。

9）使用时的注意事项。

10）《化妆品法实施细则》规定的其他事项：如果含人体细胞、组织培养液，需标注其含量；如果是天然或有机的，需要标明原来含量；标明进口化妆品的名称及制造国的名称（根据《对外贸易法》标明原产地的，可以省略制造国名称、制造公司的名称和地址）；功能性化妆品需标注“不能用于预防和治疗疾病”。

（2）化妆品容器或包装可以同时记载为方便视觉障碍者阅读的盲文。

（3）标示标准和标示方法等由《化妆品法实施细则》规定。

针对儿童，《化妆品法》第九条还做了以下特殊规定。

（1）化妆品的责任销售者以及定制型化妆品的销售者销售化妆品，应当使用安全容器、包装，防止儿童误用化妆品，发生危害人体的事故。

（2）根据上述规定，安全容器、包装的品种以及容器、包装标准应遵照总理令的规定。

此外，《化妆品法实施细则》第十八条进行了以下规定。

（1）下列情况的产品需要使用安全容器、包装［一次性产品、容器口部分采用泵压式或触发器操作的喷雾容器产品、压缩喷雾容器（如气溶剂产品）等除外］。

1）含有丙酮的洗甲水以及指甲油。

2）非乳化型液体产品，单个包装含有10%或更多的碳氢化合物且黏度为21 Centi Stokes（40℃标准）以下，如儿童用精油产品。

3）单个包装含有5%及以上水杨酸甲酯的液体产品。

（2）按照《化妆品法》第九条对儿童化妆品规定的安全容器和包装对于成年人来说打开并不困难，但对于5岁以下的儿童来说难以打开。在这种情况下，难以开启的具体标准和测试方法应遵循韩国产业通商资源部的相关规定。

《化妆品法实施细则》第十九条规定，当符合以下情况时，一次包装或者二次包装只需标注化妆品的名称、责任销售商或定制化妆品销售商的商号、价格、制造编号、使用期限或开封后的使用期限：容量小于10 mL或小于10 g的产品；不以销售为目的，仅供消费者试用的产品（该类产品标注“赠品”或者“非卖品”等）。小容量或者赠品必须标注的事项：化妆品的名称、化妆品责任销售者或者定制化妆品销售者的商号、价格、制造编号、使用期限或者开封后使用期限及制造日期（定制化妆品标注混合、分装日期）。

2. 医药外品的包装与标签

根据韩国《药事法》的规定，医药外品标示要求如下。

（1）医药外品的制造商和进口商应在医药外品的容器或包装中列出下列内容。

1）医药外品的名称。

2）制造商或进口商的名称和地址。

3）容量、重量或个数。

4）生产批号和生产日期。

5）物品许可证和物品声明中列出的所有成分的名称。但是，可以排除总理令颁布的成分，例如除防腐剂以外的少量成分。

6）第五十二条第一款规定的标记存储方法和其他标准规定的标记事项。

7）韩国药典没有记载的医药品的有效成分名称。

8）“专用医药品”或“普通医药品”文字及价格。

（2）如果外包装存在被遮挡而看不见的情况，需要在未被遮挡部分列出上述内容。

（3）如果医药外品附有文件，则应在文件中注明以下内容。

1）使用方法、使用量及使用或处理的其他注意事项。

2）医药外品应为韩国药典中医药外品附件中列出的。

3）同上述（1）6)。

4）此外，为了保证医药外品的安全使用，必须遵守总理令的有关事项。

以上所要求的事项需标注在产品明显部位，比其他文字、图案更为清晰易懂。

对于内容物含量 15 g 以下或者 15 mL 以下的产品，可只标示医药外品的名称和制造者或进口者名称。标示文字需采用韩文，可以同时使用相同字体大小的汉字或外文。专门用于出口的医药外品可以使用出口国的语言进行标示。

二、韩国化妆品宣称与广告

1. 化妆品宣称与广告

对于化妆品的宣称和广告的禁止事项，《化妆品法》第十三条规定了以下方面。

（1）营业者或者销售者不得展示或宣传以下任何项目：

1）可能被误认为药品的标识或广告；

2）可能错误地将非功能性化妆品识别为功能性化妆品，或广告的内容与功能性化妆品的安全性和有效性的审查结果不同；

3）可能错误地将非天然化妆品或非有机化妆品视为天然化妆品或有机化妆品的标记或广告；

4）可能欺骗消费者或使消费者识别错误的标识。

（2）根据上述（1）1）进行的广告和广告的范围以及其他必要事项应由总理令决定。

此外，《化妆品法实施细则》第二十二条规定的标识或广告禁止事项如下。

（1）不得有可能会被误认为是医药品的产品名称及功能效果等内容的标识或广告。

（2）本身不是功能性化妆品、天然化妆品或有机化妆品的产品，不得在名称、制造方法、功能效果等标识或广告中标示功能性化妆品、天然化妆品或有机化妆品的内容。

（3）不得在标识或广告中明示或暗示：医生 / 牙医 / 中医 / 药剂师 / 医疗机关 / 研究机关或其他人指定 / 公认 / 推荐 / 指导 / 研究 / 开发或使用等。符合《化妆品法》中规定的人体临床试验结果，通过相关学会发表得到公认时，在其范围内可以引用相关文献，并且应准确传达引用文献的内容，明确指出研究者姓名、文献名称和发表日期。

（4）不得含有可能把外国产品误认为是国内产品或把国内产品误认为是外国产品的标识或广告。

（5）不得非法使用外国商标、商号的广告；不得没有与外国进行技术合作而在标识或广告中含有技术合作等内容。

（6）与竞争产品比较的标识或广告，应该明示其比较对象及标准，只能标注客观条件下可以确认的事项。禁止使用具有排他性的“最高”或“最佳”等绝对化词语的标识或广告。

（7）不得使用不符合事实，或部分内容虽然符合事实，但全部内容可能误导、欺骗消费者的标识、广告。

（8）不得使用无法客观确认品质、效果等内容的标识或广告；不得使用在还没有被客观确认（品质、效果）的情况下或者超出已经客观确认（品质、效果）范围的标识和广告。

（9）不得使用低俗或令人产生嫌恶感的图片、照片等。

（10）不得明示或暗示含有国际濒临灭绝动植物或含有其成分。

（11）不得使用与事实无关，诽谤其他产品或有诽谤嫌疑的标识、广告等。

化妆品的宣称及广告的证实与监管主要涉及《化妆品法》第十四条、《化妆品法实施细则》第二十二条和《标签及广告公证法》等。

《化妆品法》第十四条规定，经营者和销售者应对其标识、广告中的相关事项进行证实。MFDS 部长认为化妆品的标识、广告等有必要进行证实的，可以针对具体内容，要求相关制造者、责任销售者或者销售者提供证实资料。制造者、责任销售者或者销售者需在 15 日之内，将证实资料提交至 MFDS 部长。如果 MFDS 部长认定提交的实证材料不符合规定，则可以根据《标签及广告公证法》等其他法律，拒绝经营者提交其他机构要求的数据。违反标识、广告禁止事项，或者没有在规定时间内提供标识、广告相关事项的证实资料时，MFDS 部长可取消登记，或明令禁止该产品的制造、进口及销售，或明令禁止该企业在1年期限内开展所有业务或者部分业务。

《化妆品法实施细则》第二十二条还对化妆品责任销售者或者销售者提供的证实资料进行了具体要求。

（1）试验结果：人体临床试验结果以及除人体外试验资料或同等级别以上的试验结果。

（2）调查结果：选择样本、提问事项、提问方法等应与其调查目的或统计方法一致。

（3）证实方法：证实中所用试验或调查方法应为学术界广泛使用的或者在相关产业得到普遍认可的方法，应是科学、客观的。

《标签及广告公证法》旨在防止在展示商品或服务时为欺骗消费者或误导消费者而进行不当的展示和广告，以及促进向消费者提供有用信息，建立公平的交易秩序，保护消费者。

2. 医药外品的宣称与广告

韩国的医药外品宣称和广告的管理参照《药事法》中关于医药品的有关规定。《药事法》第六十八条规定了医药品广告的禁止事项：

（1）对于医药品的名称、制造方法、功效或性能等，不得使用虚假或夸大广告；

（2）不得使用会误导医生或其他人的功效或性能方面的宣称；

（3）不得使用暗示其功效或性能的文字、照片、图案，或者以其他方式进行暗示的广告；

（4）不得使用暗示堕胎的文字或者图案；

（5）对于没有取得注册或者备案的医药品，不得使用医药品的有关名称、制造方法、功效或性能的广告。

三、中国化妆品包装、标签、宣称和广告及与韩国的差异

1. 法律法规的要求

在中国生产、销售的化妆品应当满足《中华人民共和国产品质量法》中关于产品包装标识及广告的规定，包括对产品或者其包装上的标识要求、包装质量与警示语要求以及对广告的要求等。

化妆品的商业广告活动应当遵守《中华人民共和国广告法》的规定。

化妆品的说明、警示以及宣传应当符合《中华人民共和国消费者权益保护法》。

化妆品的经营不得违反《中华人民共和国反不正当竞争法》。

《化妆品监督管理条例》相关要求如下。

（1）标签管理。化妆品的最小销售单元应当有标签。标签应当符合相关法律、行政法规、强制性国家标准，内容真实、完整、准确。进口化妆品可以直接使用中文标签，也可以加贴中文标签；加贴中文标签的，中文标签内容应当与原标签内容一致。

（2）标注内容。化妆品标签应当标注下列内容：（一）产品名称、特殊化妆品注册证编号；（二）注册人、备案人、受托生产企业的名称、地址；（三）化妆品生产许可证编号；（四）产品执行的标准编号；（五）全成分；（六）净含量；（七）使用期限、使用方法以及必要的安全警示；（八）法律、行政法规和强制性国家标准规定应当标注的其他内容。

（3）禁止标注内容。化妆品标签禁止标注下列内容：（一）明示或者暗示具有医疗作用的内容；（二）虚假或者引人误解的内容；（三）违反社会公序良俗的内容；（四）法律、行政法规禁止标注的其他内容。

（4）宣称管理。化妆品的功效宣称应当有充分的科学依据。化妆品注册人、备案人应当在国务院药品监督管理部门规定的专门网站公布功效宣称所依据的文献资料、研究数据或者产品功效评价资料的摘要，接受社会监督。

（5）广告管理。化妆品广告的内容应当真实、合法。化妆品广告不得明示或者暗示产品具有医疗作用，不得含有虚假或者引人误解的内容，不得欺骗、误导消费者。

2. 部门规章和标准的规定

（1）GB 5296.3—2008《消费品使用说明　化妆品通用标签》规定了化妆品销售包装通用标签的形式、基本原则、标注内容和标注要求。除“宜标注的内容”外，其他均为强制性条款。但 2020 年化妆品的监管职能转到国家药品监督管理局之后，GB 5296.3—2008 一直没有更新或者废止，现行版本的规定与《化妆品标签管理办法》有差异，给企业的执行带来了一定的困扰。

（2）化妆品的监管职能转到国家药品监督管理局之后，2021 年，国家药品监督管理局发布了《化妆品标签管理办法》。自 2022 年 5 月 1 日起，申请注册或者进行备案的化妆品，必须符合《化妆品标签管理办法》的规定和要求。此前申请注册或者进行备案的化妆品，未按照《化妆品标签管理办法》规定进行标签标识的，化妆品注册人、备案人必须在 2023 年 5 月 1 日前完成产品标签的更新，使其符合《化妆品标签管理办法》的规定和要求。

（3）《化妆品安全技术规范》（2015 年版）第一章 3.5 明确了对包装材料的要求；3.6、3.7 对标签及儿童用化妆品进行了规定；3.8.4 对包装安全提出了要求；3.8.5 对标签追溯原料的基本信息进行了规定；3.8.6 对动植物来源的化妆品原料提出了要求。另外，化妆品限用组分（表 3）、化妆品准用防腐剂（表 4）、化妆品准用防晒剂（表 5）以及化妆品准用染发剂（表 7）对标签的使用条件和注意事项进行了规定。

（4）《进出口化妆品检验检疫监督管理办法》规定：进口化妆品成品的标签标注应当符合我国相关的法律、行政法规及国家技术规范的强制性要求。海关对化妆品标签内容是否符合法律、行政法规规定要求进行审核，对与质量有关的内容的真实性和准确性进行检验。离境免税化妆品可免于加贴中文标签，免于标签的符合性检验。出口化妆品生产企业应当保证其出口化妆品符合进口国家（地区）标准或者合同要求。进口国家（地区）无相关标准且合同未有要求的，可以由海关总署指定相关标准。

（5）《化妆品功效宣称评价规范》规定：化妆品的功效宣称应当有充分的科学依据，功效宣称依据包括文献资料、研究数据或者化妆品功效宣称评价试验结果等。化妆品功效宣称评价的方法应当具有科学性、合理性和可行性，并能够满足化妆品功效宣称评价的目的。

（6）《儿童化妆品监督管理规定》规定：儿童化妆品应当在销售包装展示面标注国家药品监督管理局规定的儿童化妆品标志。儿童化妆品应当以“注意”或者“警告”作为引导语，在销售包装可视面标注“应当在成人监护下使用”等警示用语。儿童化妆品标签不得标注“食品级”“可食用”等词语或者食品有关图案。

3. 与韩国的差异

（1）法律法规制定特点不同，但发展方向一致。韩国政府早在 1999 年 9 月就制定了专门的《化妆品法》，配套《化妆品法实施细则》等文件，对化妆品包装、标签、宣称和广告都进行了规定，并且经历了多次修订，对韩国化妆品产业的发展起到重要作用。我国没有专门的化妆品法律，加之化妆品的监管职责长期由多个政府部门承担，致使化妆品包装、标签、宣称和广告的相关规定分布在各个部门的法律法规中，容易造成企业执行过程中的遗漏。国家药品监督管理局统一负责化妆品的管理后，有望改变这一局面。

（2）天然、有机化妆品规定不同。韩国政府对有机化妆品有明确定义，符合政府规定的标准就可以宣传是有机化妆品，最近天然化妆品概念也被提出，对于满足不断升级的消费需求有重要意义。我国还没有“有机化妆品”的定义，国家认证认可监督管理委员会发布的《有机产品认证目录（2018）》中也没有化妆品。

（3）对儿童等特殊人群的规定有所不同。韩国《化妆品法》第九条中针对儿童做了特殊规定，并在《化妆品法实施细则》第十八条中对“安全容器”“包装”做了具体规定。我国《化妆品安全技术规范》（2015年版）第一章3.7对儿童用化妆品进行了规定：儿童用化妆品在原料、配方、生产过程、标签、使用方式和质量安全控制等方面除满足正常的化妆品安全性要求外，还应满足相关特定的要求，以保证产品的安全性；儿童用化妆品应在标签中明确适用对象。但这些规定总体来说没有韩国那么详细。国家药品监督管理局发布的《儿童化妆品监督管理规定》，细化了相关要求，并且推出了儿童化妆品专用标志。按照《儿童化妆品监督管理规定》的要求，国家药品监督管理局组织制定了《儿童化妆品技术指导原则》（2022年4月公开征求意见稿），对注册申请人或备案人提交的注册备案资料进行严格审评、审查，以保障儿童化妆品使用安全。其主要内容包括：儿童化妆品基本要求、产品名称及相关资料要求、产品配方及原料使用要求、产品执行的标准要求、标签要求、产品检验报告要求、安全评估报告要求，以及26种香精过敏原组分。可以预见我国今后的儿童化妆品会更加安全，宣称也会更加科学。

第三节　化妆品原料和生产

一、化妆品原料的要求

1. 韩国化妆品原料的要求

韩国《化妆品法》第三章第一节第八条规定了化妆品原料等的安全标准。

（1）MFDS部长应指定化妆品制造中不允许使用的原料并进行公告。

（2）MFDS部长对防腐剂、着色剂、防晒剂等特别需要在使用上受限制的原料指定其使用标准，不得使用指定公告原料以外的防腐剂、着色剂、防晒剂等。

（3）对于在国内外被告知含有危害物质等可能危害国民健康的化妆品原料，MFDS 部长应根据总理令的规定，迅速评价危害要素，决定是否具有危害。

（4）完成上述（3）危害评价后，MFDS 部长指定相关化妆品原料不能作为化妆品制造原料使用或者指定其使用标准。

（5）MFDS 部长应定期审查上述（2）中指定公告的原料使用标准的安全性，并可根据结果更改指定公告的原料的使用标准。在这种情况下，有关安全审查周期和程序的事项应由总理令确定。

（6）化妆品制造者、化妆品销售者或者大学研究所等确定上述（2）中原料使用标准指定公告中没有的原料的使用标准，可以按照总理令的规定向 MFDS 部长提出申请，更改指定公告的原料使用标准。

（7）MFDS 部长收到申请后，应审查申请内容的合理性，如果合理应更改指定公告的原料使用标准，并用书面形式通知申请人审核结果。

（8）MFDS 部长可以规定其他的流通化妆品安全管理标准并进行公告。

韩国《化妆品法》对于化妆品原料的管理主要采用清单制度，MFDS 的《化妆品安全标准等相关规定》是根据《化妆品法》制定的，其规定了韩国国内生产、进口或分销的化妆品中不能作为化妆品的原料以及需要限制使用的原料清单。其中不能作为化妆品的原料包括禁用组分、限用组分、防腐剂、防晒剂、染发剂等。

在上述禁限用组分清单的基础上，对于韩国国内外报道的含有危害物质以及可能危害国民健康的化妆品原料，MFDS 部长应迅速开展危害评价，判定是否具有危害性。完成危害评价后，MFDS 部长可将相关化妆品原料列为禁用组分或者限用组分。在进行相关化妆品原料的危害评价时，对于国内外研究机构已经做出危害评价的，或者已经进行了科学试验和分析的，可以依据有关资料判定其是否具有健康危害。

《化妆品法》第八条及《化妆品法实施细则》第十七条规定了未告示的原料的制定或者已告示原料的使用标准的变更申请必须具备的提交材料的范围、资料的条件等详细事项。

2. 化妆品原料的使用标准制定以及变更审查对象

化妆品原料的使用标准制定以及变更审查对象的内容包括：

（1）化妆品原料为《化妆品安全标准等相关规定》表 2 以及《化妆品着色剂

种类、标准和试验方法》表 1 中告示的原料或者告示原料中需要修改使用标准的原料；

（2）在申请指定或者变更原料使用标准要审查时，确定提交材料的种类和要求；

（3）指定或变更使用原料需规定完善资料的程序；

（4）关于不合格的通报和异议申请的事项；

（5）专家咨询流程；

（6）制定指定、变更使用标准原料的公告程序。

韩国《化妆品法实施细则》规定了婴幼儿化妆品使用限制原料时需在产品包装上标示相关成分含量和在所有化妆品中使用 26 种致敏成分时需在包装上标示所有成分名称等内容。

韩国《化妆品法实施细则》第十七条对化妆品原料等的危害评价进行了具体规定。

（1）危害评价应按照以下确认、确定、评价等过程实施：

1）确认危害元素是否对人体存在潜在危害；

2）确定危害元素在人体的暴露容许量；

3）评价危害元素在人体的暴露量；

4）综合 1）～3）的结果来判断对人体造成的危害影响。

（2）MFDS 依据上述结果，按规定的标准决定是否有危害；当国内外研究、检察机关已经实施了危害评价，或者针对危害要素有相关的科学试验、分析资料时，可以用其决定化妆品原料等是否具有危害。

（3）上述（1)、(2）危害评价的标准、方法等具体事项，由 MFDS 进行规定并公告。

韩国《危害评价方法及程序等相关规定》对化妆品中的危害风险评估的方法和程序做了详细的规定，以便得到客观、透明的危害评价。

此外，韩国功能性化妆品的功效原料按照《功能性化妆品审查相关规定》进行管理，当使用《功能性化妆品标准及试验方法》以外的功效原料时，需要在申报功能性化妆品时提交审查所需资料。《功能性化妆品标准及试验方法》中功能性化妆品功效原料包括以下几大类：美白的功效原料、改善皮肤皱纹的功效原料、保护皮肤免受紫外线照射（防晒）的功效原料、美白皮肤和改善皱纹的功效原料、有助于改变头发颜色的功效原料、有助于消除体毛的功效原料、有助于缓解皮肤痤疮的功效原料。

韩国对有机化妆品的原料要求、制造工艺、生产过程和审查规定等应符合《天然化妆品和有机化妆品的标准相关规定》。

为推动本国化妆品产业的出口增长，方便企业查询和政府监管，MFDS 通过信息化手段，对目前国内及国际上常用的化妆品原料以及禁限用化妆品原料进行了收录。MFDS 的药品综合信息系统中收录了化妆品原料成分 18105 种、动植物化妆品原料 250 种、各个国家化妆品禁止使用和限制使用的原料 5705 种，可以通过在线搜索和数据下载的方式查询常用的化妆品原料。MFDS 药品综合信息系统的网址为 https: //nedrug.mfds.go.kr/。

3. 中国化妆品原料的要求及与韩国的差异

我国《化妆品监督管理条例》对化妆品中使用的原料等进行了规定。

国家按照风险程度对化妆品、化妆品原料实行分类管理。化妆品原料分为新原料和已使用的原料。国家对风险程度较高的化妆品新原料实行注册管理，对其他化妆品新原料实行备案管理。

在我国境内首次使用于化妆品的天然或者人工原料为化妆品新原料。具有防腐、防晒、着色、染发、祛斑美白功能的化妆品新原料，经国务院药品监督管理部门注册后方可使用；其他化妆品新原料应当在使用前向国务院药品监督管理部门备案。国务院药品监督管理部门可以根据科学研究的发展，调整实行注册管理的化妆品新原料的范围，经国务院批准后实施。

申请化妆品新原料注册或者进行化妆品新原料备案，应当提交下列资料：（一）注册申请人、备案人的名称、地址、联系方式；（二）新原料研制报告；（三）新原料的制备工艺、稳定性及其质量控制标准等研究资料；（四）新原料安全评估资料。

经注册、备案的化妆品新原料投入使用后 3 年内，新原料注册人、备案人应当每年向国务院药品监督管理部门报告新原料的使用和安全情况。对存在安全问题的化妆品新原料，由国务院药品监督管理部门撤销注册或者取消备案。3 年期满未发生安全问题的化妆品新原料，纳入国务院药品监督管理部门制定的已使用的化妆品原料目录。经注册、备案的化妆品新原料纳入已使用的化妆品原料目录前，仍然按照化妆品新原料进行管理。

禁止用于化妆品生产的原料目录由国务院药品监督管理部门制定、公布。

《化妆品安全技术规范》(2015年版)明确了关于化妆品原料安全的通用要求。

(1)化妆品原料应经安全性风险评估,确保在正常、合理及可预见的使用条件下,不得对人体健康产生危害。

(2)化妆品原料质量安全要求应符合国家相应规定,并与生产工艺和检测技术所达到的水平相适应。

(3)原料技术要求内容包括化妆品原料名称、登记号、使用目的、适用范围、规格、检测方法、可能存在的安全性风险物质及其控制措施等内容。

(4)原料的包装、储运、使用等过程,均不得对化妆品原料造成污染。对有温度、相对湿度或其他特殊要求的化妆品原料应按规定条件储存。

(5)应能通过标签追溯到原料的基本信息、生产商名称、纯度或含量、生产批号或生产日期、保质期等中文标识。

(6)动植物来源的化妆品原料应明确其来源、使用部位等信息。

(7)使用化妆品新原料应符合国家有关规定。

此外,为加强我国化妆品原料管理,促进我国化妆品原料规范命名,2010年,国家食品药品监督管理局对《国际化妆品原料字典和手册》(第十二版)中收录的化妆品原料名称进行了翻译,完成了《国际化妆品原料标准中文名称目录》(2010版)并予以下发,该目录含有15649种化妆品原料。2018年9月,我国对美国个人护理产品协会(PCPC)出版的《国际化妆品原料字典和手册》(第16版)进行翻译,形成了《国际化妆品标准中文名称目录》(征求意见稿),该目录包括22620种物质。随着该目录的不断完善,实现了化妆品原料中文命名的规范化,为我国化妆品标签的全成分标识奠定了技术基础,更有助于全球化妆品及原料成分标识信息的统一。为区别化妆品新原料,2015年12月23日,国家食品药品监督管理总局发布了《已使用化妆品原料名称目录》(2015版),后又修订形成了《已使用化妆品原料目录》(2021年版),自2021年5月1日起施行。2021年5月25日,为进一步加强化妆品原料管理,保证化妆品质量安全,依据《化妆品监督管理条例》相关规定,国家市场监督管理总局组织对《化妆品安全技术规范》(2015年版)第二章中的"化妆品禁用组分""化妆品禁用植(动)物组分"进行了修订,形成了《化妆品禁用原料目录》《化妆品禁用植(动)物原料目录》。值得注意的是,国家市场监督管理总局尚未组织对目录所列原料的安全性进行评价,化妆品生产企业在选用目录所列原料时，应当符合国家有关法规、标准、规范的相关要求，并对原料进行安全性风险评估，承担产品质量安全责任。

为贯彻落实《化妆品注册备案管理办法》，规范和指导化妆品新原料注册与备案工作，国家市场监督管理总局制定了《化妆品新原料注册备案资料管理规定》，自 2021 年 5 月 1 日起施行，化妆品新原料注册人、备案人申请化妆品新原料注册或者进行备案时提交的资料，应当符合该规定要求。

除了上述普遍性的规定外，我国一些针对化妆品原料的国家、行业或团体标准目前还在不断制定、修订中。国家药品监督管理局也发布过对一些原料的要求，如化妆品用滑石粉原料要求、化妆品用甘油原料要求等。

在化妆品原料管理方面，中国和韩国均采用禁用、限用组分列表与部分准用组分列表相结合的管理形式；对于原料清单的管理和修订，参考有关技术检测机构、权威评估机构以及国外技术资料等的科学意见；禁用、限用、准用组分的安全性评价由政府部门负责，其种类的增减以及使用条件的变更等均需得到政府主管部门的批准。中国和韩国均通过原料管理制度、安全性评估等手段，确保化妆品原料在正常和可预见使用条件下的安全性。

二、化妆品生产过程的要求

1. 韩国对化妆品生产过程的要求

韩国化妆品生产者主要分为两类：一类是化妆品制造者，开展全部或部分化妆品业务（不包括仅二次包装和标签加工业务），相当于实际生产化妆品的企业；另一类是化妆品责任销售者。制造或者销售化妆品，首先需要向 MFDS 注册。韩国《化妆品法》第三条对营业注册有以下规定。

（1）有意从事化妆品制造或化妆品责任销售者应分别按照总理令规定，向 MFDS 申请注册。变更注册事项时也应按照总理令的规定操作。

（2）有意根据（1）注册的化妆品制造者必须具备总理令规定的设施。但是，在符合总理令规定的仅加工化妆品部分工序的情况下，可以不具备部分设施。

（3）有意根据（1）注册的化妆品责任销售者应具有总理令规定的化妆品质量管理和责任销售后的安全管理从业资格，并设置管理人（责任销售管理者）。

（4）关于上述（1）～（3）规定的注册程序及责任销售管理者的资格标准和职务等所需事项由总理令规定。

《化妆品法》对于定制化妆品的销售者有以下规定。

（1）有意从事定制化妆品销售者应按照总理令规定，向 MFDS 申报。变更申报事项中由总理令规定的重要事项时，也是如此。

（2）有意根据上述（1）申报的定制化妆品销售者应具备总理令规定的设施，并配备从事定制化妆品混合、分料等及产品质量、安全管理的业务人员（定制化妆品配方管理师）。

（3）定制化妆品销售者应事先研究定制化妆品所用内容物和原料的混合、分装范围，以确保最终产品的质量和安全性。但是，如果责任销售者事先规定了混合、分装的范围，则应在其范围内混合、分装。

（4）使用前确认用于混合、分装的内容物或者原料是否符合《化妆品法》第八条化妆品安全标准等的规定。

（5）混合、分装前确认内容物和原料的使用期限或者开封后的使用期限，超过使用期限或者开封后使用期限的，不得使用。

（6）定制化妆品的使用期限或者开封后的使用期限不得超过内容物或者原料的使用期限。但是，在有科学依据能够确保定制化妆品稳定性的情况下设定保质期或者开封后保质期的情况除外。

（7）定制化妆品调配后剩余的内容物或者原料要通过装入密封容器等方法防止污染。

（8）未对消费者肌肤类别或者喜好度确认前，不得事先混合、配置定制化妆品。

《化妆品法》第四条规定，想要销售功能性化妆品，化妆品制造者、化妆品责任销售者或总理令规定的大学研究所等，应由 MFDS 审核各个品种的安全性和有效性，或者向 MFDS 提交报告。在变更所提交的报告或所审查的事项时也是如此。

《化妆品法》第五条规定了从业者的义务。

（1）化妆品制造者应遵守总理令规定的有关化妆品制造相关记录、设施、器具等的管理方法，原料、材料、成品等的试验、检验、审定实施方法。

（2）化妆品责任销售者应遵守总理令规定的有关化妆品的质量管理标准，销售后的安全责任管理标准，质量检查方法及实施义务，安全性、有效性信息事项等的报告及安全措施。

（3）定制化妆品销售者不得随意混合和分割向消费者分销和销售的化妆品。

（4）定制化妆品销售者应遵守总理令规定的对定制化妆品销售场所设施、器具的管理方法，混合、分料安全管理标准，混合、分料的内容物及原料的说明。

（5）化妆品责任销售者应根据总理令规定，向 MFDS 部长报告化妆品的生产或进口情况，化妆品制造过程中使用的原料目录等。而且，关于原料目录的报告应在化妆品的流通、销售前进行。

（6）定制化妆品销售者应每年向 MFDS 报告一次，列出根据总理令使用的所有原材料。

（7）责任销售管理人和定制化妆品调剂管理师应每年接受有关确保化妆品安全性及质量管理的教育培训。

（8）MFDS 认为为防止危害国民健康而有必要时，可命令化妆品制造者、化妆品责任销售者及定制化妆品销售者接受化妆品相关法令及制度（包括化妆品的安全性及品质管理相关内容）的教育培训。

（9）根据上述（8）规定接受培训者，在两个以上单位从事化妆品制造、化妆品责任销售或定制化妆品销售的职员，可以指定由总理令规定的人员担任负责人并接受培训。

（10）依照上述（5）～（7）的规定，教育的实施机构、内容、对象及教育费用等必要事项应由总理令规定。

经修订的《化妆品法执行令》和《化妆品法实施细则》对《化妆品法》中的各项要求有更为详细的阐述和规定。根据《化妆品法实施细则》第十二条的规定，鼓励化妆品制造者遵循化妆品良好生产规范，但此非强制性规定，化妆品制造者可以按照《良好化妆品制造和质量控制标准》的要求，自愿向 MFDS 提出认证申请。《良好化妆品制造和质量控制标准》提供了详细的化妆品生产和质量控制标准，以通过制造和提供优质化妆品来促进消费者保护和改善公共健康。其中，人力资源，包括人员部门组织结构、员工的责任、教育培训、卫生管理标准和程序；化妆品制造的设施标准，包括建筑物标准、工作场所设施要求、卫生情况、检查维护；原料管理，包括收货管理、转运控制、贮存管理、水质质量；制造管理，包括制定产品标准、制造控制标准、质量控制标准、制造卫生标准，还包括称重要求、制造过程管理、包装操作、贮存和出库；品质管理，包括试验管理、样品的收集和储存、处置处理等、委托合同、偏差管理、投诉处理、产品回收、变更管理、内部审核、文件管理；判断和监督，包括评估和判断、优待措施、事后管理、审查期限等相关内容。

对有机化妆品的原料要求、制造工艺、生产过程和审查规定等应符合 2019 年 7 月 29 日实施的《天然化妆品和有机化妆品的标准相关规定》。

2. 中国对化妆品生产过程的要求及与韩国的差异

中国化妆品生产企业数量虽多，但多为中小型企业，存在生产规模小、产品集中度低、产品质量参差不齐、企业技术水平较低和创新能力不足等问题。我国化妆品监督管理部门以 1989 年发布的《化妆品卫生监督条例》和 1991 年发布的《化妆品卫生监督条例实施细则》为基础，发布了一系列规范、指南和通知，如 2010 年 8 月 10 日发布的《关于印发化妆品生产经营日常监督现场检查工作指南的通知》，2021 年 5 月 1 日起施行的《化妆品注册备案资料管理规定》等。《化妆品安全技术规范》（2015 年版）规定：化妆品生产应符合化妆品生产规范的要求，化妆品生产过程应科学合理，保证产品安全。2021 年 1 月 1 日施行的《化妆品监督管理条例》对化妆品的生产要求进行了修订，加入了集中交易市场、电子商务平台、主动召回等内容。

2022 年 7 月 1 日施行的《化妆品生产质量管理规范》规定：化妆品注册人、备案人、受托生产企业应当诚信自律，建立生产质量管理体系，实现对化妆品物料采购、生产、检验、贮存、销售和召回等全过程的控制和追溯，确保持续稳定地生产出符合质量安全要求的化妆品。该规范对化妆品生产电子记录要求和化妆品生产车间环境要求做了明确的要求，可以预见其对我国今后化妆品生产质量管理将起到指导作用。

2022 年，国家药品监督管理局组织起草了《化妆品生产质量管理规范检查要点及判定原则（征求意见稿）》，对从事化妆品生产活动的化妆品注册人、备案人、受托生产企业，依据化妆品生产质量管理规范检查要点（实际生产版）开展检查。

在生产管理方面，对于化妆品生产企业，中国和韩国均采用生产许可制度。韩国的功能性化妆品与我国的特殊用途化妆品类似，虽覆盖范围略有不同，但两国在生产这类产品前均需进行提前审批。

第四节　化妆品成品和检测标准

一、化妆品成品安全要求

1. 韩国对化妆品成品的安全要求

韩国《化妆品安全标准等相关规定》第三章规定了流通化妆品安全相关的具体管理标准。

（1）流通化妆品应符合有害物质的限量要求，这些有害物质是在制造和贮存过程中被带入化妆品中，非人为添加且技术上无法去除的，包括铅、镍、砷、汞、锑、镉、二噁烷、甲醇、甲醛、邻苯二甲酸酯类（邻苯二甲酸二戊酯、邻苯二甲酸丁苄酯、邻苯二甲酸二乙酯）。

（2）当流通化妆品中检出非故意添加但技术上不可避免的禁用组分，且该禁用组分没有设限量要求时，应按照《化妆品法实施细则》第十七条的规定进行危害评价后，判定其是否具有危害性。

（3）流通化妆品中微生物限量，包括：

1）婴幼儿产品及眼部化妆品中总需氧活菌数限量；

2）纸巾中的细菌和真菌数限量；

3）其他化妆品中微生物限量；

4）大肠杆菌、铜绿假单胞菌、黄色葡萄球菌含量（不得检出）。

（4）化妆品净含量的标准。

除上述四项通用的化妆品安全管理标准外，《化妆品安全标准等相关规定》中还规定了部分产品的 pH 值标准，功能性化妆品中主要功效原料的含量要求，以及烫发产品和直发产品的安全标准等。根据《化妆品安全标准等相关规定》要求，上述风险物质应按照该规定中附录 4“流通化妆品的安全管理测试方法”进行检测。但是在其科学性、合理性被认可的情况下，也可以按照企业内部标准进行检测。

2. 中国对化妆品成品的安全要求及与韩国的差异

从 GB 7919—1987《化妆品安全性评价程序和方法》到 2010 年 8 月 23 日发布的《关于印发化妆品中可能存在的安全性风险物质风险评估指南的通知》，再到 2015 年公开征求意见的《化妆品安全风险评估指南》等，以及现在的《化妆品安全评估技术导则》（2021 年版）均为指导开展化妆品安全评价工作提供了帮助。无论是对化妆品原料的限制要求，还是对化妆品生产加工过程的监督管理，最终目的都是保证化妆品终产品的质量安全。

《化妆品安全技术规范》（2015 年版）对化妆品的成品要求做了具体规定，包括：化妆品应经安全性风险评估，确保在正常、合理的及可预见的使用条件下，不得对人体健康产生危害。化妆品上市前应进行必要的检验，检验方法包括相关理化检验方法、微生物检验方法、毒理学试验方法和人体安全试验方法等。化妆品应符合产品质量安全有关要求，经检验合格后方可出厂。

《化妆品安全评估技术导则》（2021 年版）指出原料的安全性是化妆品产品安全的前提条件。化妆品原料的风险评估包括原料本身及可能带入的风险物质；化妆品产品一般可认为是各种原料的组合，应基于所有原料和风险物质进行评估，如果确认某些原料之间存在化学和 / 或生物学等相互作用的，应评估其产生的风险物质和 / 或相互作用产生的潜在安全风险。化妆品安全评估应遵循证据权重原则，以现有科学数据和相关信息为基础，遵循科学、公正、透明和个案分析的原则，在实施过程中应保证安全评估工作的独立性。化妆品安全评估引用的参考资料应为全文形式公开发表的技术报告、通告、专业书籍或学术论文，以及国际权威机构发布的数据或风险评估资料等；应用未公开发表的研究结果时，需经数据所有权方同意，并分析结果的科学性、准确性、真实性和可靠性等。化妆品的安全评估工作应由具有相应能力的安全评估人员按照导则的要求进行，并出具评估报告。化妆品注册人、备案人应自行或委托专业机构开展安全评估，形成安全评估报告，并对其真实性、科学性负责。

除了上述普遍性的规定，我国还有数量众多的产品标准（国家标准或行业标准），基本覆盖了所有化妆品种类，对感官、pH 值、耐热耐寒能力等做了具体要求。相对而言，韩国《化妆品安全标准等相关规定》仅规定了烫发和直发等部分产品的 pH 值等要求，覆盖的产品范围较小。

中国和韩国对化妆品终产品的安全性都做出了明确规定，虽然限值项目不同、指标不同，但都对产品中有害物质、微生物、其他风险物质等限量，以及安全性风险物质风险评估提出了要求。

二、化妆品检测标准

韩国化妆品检测标准主要是《化妆品着色剂种类、标准和试验方法》，其附录中收录了 101 种着色剂的标准和试验方法以及 35 项一般试验方法。对于未列出的着色剂标准和试验方法，可以自行建立科学合理的试验方法进行测试。拟新增的天然化妆品检验标准目前正在制定中。在功效评价领域，韩国制定有《关于功能性化妆品的有效性评价指南》《功能性化妆品检验规定》《美白产品功效评价指南》《抗皱产品功效评价指南》《防脱发产品功效评价指南》等标准。

相对而言，中国的化妆品检测更依赖于方法标准或规范类文件中规定的测定方法，检测标准无论在数量上还是在覆盖面上都要比韩国多出很多，包含了禁限用物质的检测标准、功效性成分测定标准、通用检验方法等。《化妆品安全技术规范》（2015 年版）第四章为理化检验方法，第五章为微生物检验方法，第六章为毒理学试验方法，第七章为人体安全性检验方法，第八章为人体功效评价检验方法，近年来对所收录的方法不断进行补充和完善。

化妆品检测方法标准的检测指标主要包括：

（1）pH 值、浊度、相对密度等理化指标；

（2）铬、砷、镉、锑、铅等重金属指标；

（3）禁限用和准用物质指标；

（4）各种微生物指标；

（5）维生素 B_5（泛酸）及维生素原 B_5（D- 泛醇）等功效成分指标；

（6）接触性皮炎诊断标准等皮肤不良反应指标；

（7）保湿功效等评价指标。

除此之外，针对化妆品进出口的特殊需要发布了一些出入境化妆品领域的检测方法标准，如 SN/T 5151—2019《防晒化妆品中 7 种二苯酮类物质的测定　高效液相色谱法》、SN/T 4902—2017《进出口化妆品中邻苯二甲酸酯类化合物的测定　气相色谱 - 质谱法》等。轻工行业标准近年来侧重于功效成分检测标准的建立，如 QB/T 5295—2018《美白化妆品中鞣花酸的测定　高效液相色谱法》、QB/T 5594—2021《化妆品中凝血酸（氨甲环酸）的测定　高效液相色谱法》等。部分省市制定了化妆品检测地方标准，如 DB37/T 4090—2020《化妆品中无机砷的测定　液相色谱 - 原子荧光光谱法》、DB35/T 1610—2016《化妆品中葵子麝香等 5 种合成麝香的测定　气相色谱 - 质谱法》等。随着 2021 年《化妆品功效宣称评价规范》的实施，很多社会组织纷纷制定了功效评价方法相关标准，如 T/SHRH 023—2019《化妆品屏障功效测试　体外重组 3D 表皮模型测试方法》、T/ZHCA 003—2018《化妆品影响经表皮水分流失测试方法》等。

第三章　化妆品安全指标对比分析

第一节　微生物、重金属等有害物质限量要求

一、微生物

化妆品在使用过程中会直接接触皮肤、黏膜等部位，因此微生物限量对其使用安全起重要作用。总体而言，化妆品中微生物种类及数量主要由以下两点决定：一是原材料中的微生物及生产过程中的卫生管理，包括配方中所用的各种原料、辅料及包装材料的微生物情况，以及加工过程中工艺、设备、场所、人员等卫生状况的管理；二是化妆品中的防腐体系，化妆品中多含有大量有机物、营养物质及水分，在贮存及日常使用条件下极易腐败变质，各国的化妆品安全标准通常允许在一定范围内适当添加防腐剂，因此防腐体系能否有效发挥抑菌作用，也成为影响化妆品使用安全的重要因素。中国《化妆品安全技术规范》和韩国《化妆品安全标准等相关规定》对微生物的限量要求如表 3-1 所示。两国化妆品中微生物种类和限量范围基本相同。

表 3-1　化妆品微生物限量

<table>
<tr><th>中文名称</th><th>英文名称</th><th>韩国限量</th><th>中国限量</th></tr>
<tr><td>菌落总数</td><td>Aerobic viable cell</td><td rowspan="2">需氧菌总数（细菌 + 霉菌）：婴幼儿化妆品、眼妆产品 500（CFU/g 或 mL）；其他化妆品 1000（CFU/g 或 mL）</td><td>眼部化妆品、口唇和儿童化妆品 500（CFU/g 或 mL）；其他化妆品 1000（CFU/g 或 mL）</td></tr>
<tr><td>霉菌和酵母</td><td>Moulds and yeasts</td><td>总数 100（CFU/g 或 mL）</td></tr>
<tr><td>大肠杆菌</td><td>Escherichia coli</td><td>不得检出（g 或 mL）</td><td>耐热大肠菌群不得检出（g 或 mL）</td></tr>
<tr><td>金黄色葡萄球菌</td><td>Staphylococcus aureus</td><td>不得检出（g 或 mL）</td><td>不得检出（g 或 mL）</td></tr>
<tr><td>铜绿假单胞菌</td><td>Pseudomonas aeruginosa</td><td>不得检出（g 或 mL）</td><td>不得检出（g 或 mL）</td></tr>
</table>

二、重金属

化妆品中重金属的安全问题一直受到消费者的关注，在各国的化妆品相关规定中都有明确的限量要求。我国对化妆品中重金属的问题十分重视，《化妆品安全技术规范》（2015 年版）与《化妆品卫生规范》（2007 年版）相比，对残留重金属的管理更加严格，铅限量由 40 mg/kg 更改为 10 mg/kg、砷限量由 10 mg/kg 更改为 2 mg/kg，同时补充了镉限量要求。

一般而言，化妆品中重金属主要有两种来源，即人为添加与原料、加工带入。人为添加又可分为非法添加和合法添加。非法添加如面霜中非法添加"氯化氨汞"用于美白，汞毒性较大，渗入人体会损害神经系统、造血系统、肝脏、肾脏等器官，引起汞中毒；粉底中非法加入铅类化合物，用于增强遮盖和美白作用，过量的铅渗入皮肤不仅损害血液、淋巴等人体组织，还易加速皮肤老化，产生色斑、暗疮等。合法添加则是因为一些重金属具有某种特殊功效，可依据标准要求用于特定化妆品，例如《化妆品安全技术规范》（2015 年版）规定硫化硒能有效处理头皮油脂，可以用于去头皮屑洗发水，最大允许使用量为 1%；苯汞的盐类、硫柳汞因其良好的抑菌作用，可用于眼部化妆品和卸妆品，最大允许使用量均为 0.007%（以汞计）；三氧化二铬可用于限用着色剂颜料绿 17，氢氧化铬允许用于限用着色剂颜料绿 18，但铬含量在 2% 氢氧化钠提取液中不超过 0.075%。此类金属化合物允许用于特定化妆品，但含量必须符合国家标准。

化妆品中重金属的另一个来源为原料、加工带入。在生产、制造、包装及运输等环节中，重金属元素作为杂质被带入化妆品。金属元素在自然界广泛存在，岩石、矿物、土壤以及动植物、水环境、大气环境中皆可检出，因此作为化妆品原料被带入化妆品中，这也是重金属残留量的主要原因。此外，若生产设备或包装材料以金属材料为主，会导致微量重金属元素被释放、渗入到化妆品中，导致其被污染。

随着科学技术的不断进步，化妆品制造工艺日趋完善，化妆品中重金属残留量越来越低。中、韩两国的化妆品技术标准对重金属的限制要求如表 3-2 所示。

表 3-2　化妆品重金属限量

中文名称	英文名称	韩国限量	中国限量
铅	Lead	以黏土为原料的粉末产品 50 μg/g，其他产品 20 μg/g	10 mg/kg

表 3-2（续）

中文名称	英文名称	韩国限量	中国限量
砷	Arsenic	10 μg/g	2 mg/kg
汞	Mercury	1 μg/g	1 μg/g，含有机汞防腐剂的眼部化妆品除外
镉	Cadmium	5 μg/g	5 μg/g
镍	Nickel	眼妆产品 35 μg/g，彩妆产品 30 μg/g，其他产品 10 μg/g	列入禁用物质，未规定限值
锑	Antimony	10 μg/g	列入禁用物质，未规定限值

中、韩两国对化妆品中重金属要求的差异主要体现在种类和限值上，韩国相关规定对化妆品中镍和锑在终产品中的含量有具体要求，中国标准则无具体限值要求，但在禁用组分列表中包括了镍和锑类化合物。此外，中国标准中对铅、砷的限量值较韩国标准更低，要求生产企业对原料和生产过程把控更严。

三、其他有害物质

《化妆品安全技术规范》（2015 年版）与《化妆品卫生规范》（2007 年版）相比，增加了两种有害物质的限量要求：二噁烷不超过 30 mg/kg，石棉不得检出，而韩国化妆品中二噁烷的限量要求为不超过 100 μg/g。韩国化妆品规定中对甲醛、和邻苯二甲酸酯类做了明确的限量要求，中国则将两者分别列入限用和禁用物质（仅指部分邻苯二甲酸酯类）目录来管理。

中、韩两国化妆品其他有害物质限量见表 3-3。

表 3-3　化妆品其他有害物质限量

中文名称	英文名称	韩国限量	中国限量
石棉	Asbestos	不得检出闪石棉和蛇纹石棉	不得检出
二噁烷	Dioxane	100 μg/g	30 mg/kg
甲醇	Methanol	0.2%（体积比）	0.2%（体积比）
甲醛	Formaldehyde	2000 μg/g	列入禁用物质
邻苯二甲酸酯类（限邻苯二甲酸二戊酯、邻苯二甲酸丁苄酯、邻苯二甲酸二乙酯）	Phthalates (applicable only to dibutyl phthalate, butyl benzil phthalate, and diethyl hexyl phthalate)	合计 100 μg/g	正戊基异戊基邻苯二甲酸酯、双正戊基邻苯二甲酸酯、双异戊基邻苯二甲酸酯、苯基丁基邻苯二甲酸酯、邻苯二甲酸双（2-乙基己基）酯、邻苯二甲酸双（2-甲氧乙基）酯、邻苯二甲酸二丁酯为禁用

总体而言，中国和韩国对微生物、重金属等对有害物质的限量要求相似，各类指标各有相对严格的地方，对生产厂商的化妆品卫生管理提出的要求也存在一定差异。

第二节　化妆品禁用组分

化妆品的组分与成品的安全性有着直接关系，中、韩两国的化妆品技术法规对化妆品的原料有严格要求，针对不同风险的原料物质，分别以禁用、限用、准用三个分类进行相应的管理。但韩国的法规体系中存在化妆品、医药品、医药外品等概念，而我国并不存在“药妆”的概念。2019 年 1 月 10 日，国家药品监督管理局化妆品监督管理司发布了《化妆品监督管理常见问题解答》，再次明确了我国对于相关概念的监管态度——即以化妆品名义注册或备案的产品，宣称“药妆”“医学护肤品”“药妆品”的，均属于违法行为。这些差异导致两国标准对比时存在看似“矛盾”的情况。例如，在韩国的相关标准中染发剂作为医药外品，MFDS 制定了《医药外品标准制造基准》，其中规定了染发剂的准用种类和使用限制，因此某种准用的染发产品会出现在化妆品禁用组分列表中。查找某组分的管理情况时，不仅要查看其所属表格的归类，还需参考中、韩两国监管方式和技术法规的要求，避免得出错误的结论。

《化妆品安全技术规范》(2015 年版)与《化妆品卫生规范》(2007 年版)相比，对禁用、限用、准用组分三个列表中所收录物质及要求和限制进行了一定的调整，并于 2021 年进行了修订，目前《化妆品安全技术规范》(2015 年版)规定的禁用组分共 1393 项，同时依据国内化妆品偏好添加动植物成分的特点还将禁用组分分为：化妆品禁用组分、化妆品禁用植(动)物组分。韩国《化妆品安全标准等相关规定》收录 1035 项禁用组分，共计 111 项禁用组分在《化妆品安全技术规范》(2015 年版)有收录，而在韩国《化妆品安全标准等相关规定》中无收录，其中大多数为植(动)物组分。有 129 项韩国规定的禁用物质，在《化妆品安全技术规范》(2015 年版)并没有列入禁用组分，其中有些列入了染发剂管理，如 2,7- 萘二酚、1- 萘二酚、2,6- 二甲氧基 -3,5- 吡啶二胺盐酸盐等；有些列入了限用组分，如双氯酚等；有些成分如荧光增白剂，世界上多数国家、地区和组织并未禁止使用，但韩国规定其为禁用物质。

需要注意的是，对于禁用组分，《化妆品安全技术规范》（2015年版）中还明确了若技术上无法避免禁用物质作为杂质带入化妆品，国家有限量规定的应符合其规定；未规定限量的，应进行安全性风险评估，确保在正常、合理及可预见的适用条件下不得对人体健康产生危害。韩国《化妆品安全标准等相关规定》中也有类似规定：虽然在制造化妆品的过程中没有人为地添加，但客观材料证实了在制造或保管过程中，该物质从包装材料中迁移等非故意的途径进入化妆品中，且技术上无法完全清除时，该物质的检测允许限度应当符合《化妆品安全标准规定》第三章第五条的规定。当《化妆品安全标准等相关规定》附表1中的物质由于上述原因被检出，而又不在《化妆品安全标准规定》第三章第五条的规定范围，应当按照《化妆品执行规则》第十七条进行评估，确认是否具有危害性。

中、韩两国化妆品禁用组分比对见表3-4。

表 3-4　化妆品禁用组分

序号	中文名称	英文名称	CAS 号	韩国	中国	备注
1	戈拉碘铵	Gallamine triethiodide	65-29-2	√	√	
2	加兰他敏	Galantamine	357-70-0	√	√	
3	对中枢神经系统起作用的拟交感胺类	Sympathicomimetic amines acting on the central nervous system		√	√	中国：还包括国务院卫生主管部门发布的管制精神类药品（咖啡因除外）
4	胍乙啶及其盐类	Guanethidine and its salts	55-65-2	√	√	
5	愈创甘油醚	Guaifenesin	93-14-1	√	√	
6	糖皮质激素类	Glucocorticoids		√	√（激素类）	
7	格鲁米特及其盐类	Glutethimide and its salts	77-21-4	√	√	
8	格列环脲	Glycyclamide	664-95-9	√	√	
9	金盐类	Gold salts		√	√	
10	无机亚硝酸盐类（亚硝酸钠除外）	Inorganic nitrites with the exception of sodium nitrite	14797-65-0	√	√	
11	萘甲唑啉及其盐类	Naphazoline and its salts	835-31-4	√	√	
12	萘	Naphthalene	91-20-3	√	√	
13	1,7- 萘二酚	1,7-Naphthalenediol	575-38-2	√	√	
14	2,3- 二羟基萘	2,3-Naphthalenediol	92-44-4	√	√	
15	2,7- 萘二酚及其盐类	2,7-Naphthale nediol and its salts		√		2,7- 萘二酚作为染发剂的规定见表 3-7
16	2- 萘酚	2-Naphthol	135-19-3	√	√	

表 3-4（续）

序号	中文名称	英文名称	CAS 号	韩国	中国	备注
17	1- 萘酚及其盐类	1-Naphthol and its salts	90-15-3	√		1- 萘酚作为染发剂的规定见表 3-7
18	3-（1- 萘基）-4- 羟基香豆素	3-(1-Naphthyl)-4-hydroxycoumarin	39923-41-6	√	√	
19	1-（1- 萘基甲基）喹啉嗡氯化物	1-(1-Naphthylmethyl)quinolinium chloride	65322-65-8	√	仅指 1-（1- 萘基甲基）喹啉嗡	
20	*N*-2- 萘基苯胺	*N*-2-naphthylaniline	135-88-6	√	√	
21	1- 萘胺和 2- 萘胺及它们的盐类	1-and 2-Naphthylamines and their salts	134-32-7，91-59-8	√	√	
22	烯丙吗啡及其盐类和醚类	Nalorphine, its salts and ethers	62-67-9	√	√	
23	铅及其化合物	Lead and its compounds	7439-92-1	√	√	
24	钕及其盐类	Neodymium and its salts	7440-00-8	√	√	
25	新斯的明及其盐类（如：溴新斯的明）	Neostigmine and its salts(e.g. neostigmine bromide)	114-80-7	√	√	
26	壬基苯酚，支链 4- 壬基苯酚	Nonylphenol, 4-nonylphenol, branched	25154-52-3，84852-15-3	√	√	
27	去甲肾上腺素及其盐类	Noradrenaline and its salts	51-41-2	√	√	
28	那可丁及其盐类	Noscapine and its salts	128-62-1	√	√	
29	醇溶黑（溶剂黑 5）及其盐类	Nigrosine spirit soluble(Solvent Black 5)and its salts	11099-03-9	√	仅指醇溶黑	
30	镍	Nickel	7440-02-0	√	√	
31	二氢氧化镍	Nickel dihydroxide	12054-48-7	√	√	

表 3-4（续）

序号	中文名称	英文名称	CAS 号	韩国	中国	备注
32	二氧化镍	Nickel dioxide	12035-36-8	√	√	
33	一氧化镍	Nickel monoxide	1313-99-1	√	√	
34	硫化镍	Nickel sulfide	16812-54-7	√	√	
35	硫酸镍	Nickel sulfate	7786-81-4	√	√	
36	碳酸镍	Nickel carbonate	3333-67-3	√	√	
37	尼古丁及其盐类	Nicotine and its salts	54-11-5	√	√	
38	2- 硝基萘	2-Nitronaphthalene	581-89-5	√	√	
39	硝基苯	Nitrobenzene	98-95-3	√	√	
40	4- 硝基联苯	4-Nitrobiphenyl	92-93-3	√	√	
41	亚硝基二丙胺	Nitrosodipropylamine	621-64-7	√	√	
42	*N*- 亚硝基二乙醇胺	2,2′-Nitrosoimino bisethanol	1116-54-7	√	√	
43	4- 亚硝基苯酚	4-Nitrosophenol	104-91-6	√	√	
44	3- 硝基 -4- 氨基苯氧基乙醇及其盐类	3-Nitro-4-aminophenoxyethanol and its salts	50982-74-6	√	√	
45	亚硝胺类	Nitrosamines		√	√	
46	硝基芪（硝基 1,2 二苯乙烯）类，它们的同系物和衍生物	Nitrostilbenes, their homologues and their derivatives		√	√	
47	2- 硝基茴香醚	2-Nitroanisole	91-23-6	√	√	
48	5- 硝基二氢苊	5-Nitroacenaphthene	602-87-9	√	√	
49	硝基甲酚类及其碱金属盐	Nitrocresols and their alkali metal salts	12167-20-3	√	√	

表 3-4（续）

序号	中文名称	英文名称	CAS 号	韩国	中国	备注
50	2- 硝基甲苯	2-Nitrotoluene	88-72-2	√	√	
51	5- 硝基邻甲苯胺，5- 硝基邻甲苯胺盐酸盐	5-Nitro-*o*-toluidine, 5-nitro-*o*-toluidine hydrochloride	99-55-8，51085-52-0	√	√	
52	2- 甲基 -6- 硝基苯胺	6-Nitro-*o*-Toluidine	570-24-1	√	√	
53	HC 黄 6 及其盐类	HC Yellow 6 and its salts	104333-00-8	√	√	
54	分散橙 3 及其盐类	Disperse Orange 3 and its salts	730-40-5	√	√	
55	2- 硝基对苯二胺及其盐类（如：硝基 -*p*- 苯二胺硫酸盐）	2-Nitro-*p*-phenylenediamine and its salts (e.g. Nitro-*p*-phenylenediaminesulfate)	5307-14-2，18266-52-9	√	√	
56	4- 硝基间苯二胺及其盐类（如：*p*- 硝基 -*m*- 苯二胺硫酸盐）	4-Nitro-*m*-phenylenediamine and its salts (e.g. *p*-nitro-*m*-phenylenediaminesulfate)	5131-58-8	√	√	
57	除草醚	Nitrofen	1836-75-5	√	√	
58	硝基呋喃化合物（如：呋喃妥因、呋喃唑酮）	Nitrofuran compounds (e.g. nitrofurantoin, furazolidone)		√	√（抗感染类药物）	
59	2- 硝基丙烷	2-Nitropropane	79-46-9	√	√	
60	6- 硝基 -2,5- 吡啶二胺及其盐类	6-Nitro-2,5-pyridinediamine and its salts	69825-83-8	√	√	
61	2- 硝基 -*N*- 羟乙基对茴香胺及其盐类	2-Nitro-*N*-hydroxyethyl-p-anisidine and its salts	57524-53-5	√	√	
62	硝羟喹啉及其盐类	Nitroxoline and its salts	4008-48-4	√	√	
63	丁酰肼	Daminozide	1596-84-5	√	√	

表 3-4（续）

序号	中文名称	英文名称	CAS 号	韩国	中国	备注
64	敌螨普	Dinocap	39300-45-3	√	√	
65	敌草隆	Diuron	330-54-1	√	√	
66	曼陀罗属及其草药制剂	Datura L., (Solanaceae) and its herbal preparations	84696-08-2	√	√	
67	癸亚甲基双（三甲铵）盐类（如：十烃溴铵）	Decamethylenebis (trimethylammonium) salts (e.g.decamethonium bromide)	541-22-0	√	√	
68	地喹氯铵	Dequalinum chloride		√		
69	右美沙芬及其盐类	Dextromethorphan and its salts	125-71-3	√	√	
70	右丙氧芬	Dextropropoxyphene (α-(+)-4-dimethylamino-3-methyl-1, 2-diphenyl-2-butanol propionate ester)		√	√	
71	灭蚁灵	Mirex	2385-85-5	√	√	
72	多果定	Dodine		√		
73	猪肺提取物	Porcinelung extract		√		
74	度他雄胺及其盐类和衍生物	Dutasteride and its salts and derivatives		√		
75	1,5-双-β-（羟乙基）氨基-2-硝基-4-氯苯及其盐类（如：HC 黄 10）	1,5-bis-β-(Hydroxyethyl)amino-2-nitro-4-chlorobenzene and its salts (e.g. HC Yellow 10)		√		
76	百里碘酚	Thymol iodide	552-22-7	√	√	
77	玄参科毛地黄属植物及其草药制剂	Digitalis L., (Scrophulariaceae) and its herbal preparations	752-61-4	√	√	

表 3-4（续）

序号	中文名称	英文名称	CAS 号	韩国	中国	备注
78	地乐酚及其盐类和酯类	Dinoseb, its salts and esters	88-85-7	√	√	中国：另有规定的除外
79	地乐硝酚及其盐类和酯类	Dinoterb, its salts and esters	1420-07-1	√	√	
80	三氧化二镍	Dinickel trioxide	1314-06-3	√	√	
81	2,4- 二硝基甲苯；工业级的二硝基甲苯	2,4-Dinitrotoluene, dinitrotoluene, technical grade	121-14-2，25321-14-6	√	√	
82	2,3- 二硝基甲苯	2,3-Dinitrotoluene	602-01-7	√	√	
83	2,5- 二硝基甲苯	2,5-Dinitrotoluene	619-15-8	√	√	
84	2,6- 二硝基甲苯	2,6-Dinitrotoluene	606-20-2	√	√	
85	3,4- 二硝基甲苯	3,4-Dinitrotoluene	610-39-9	√	√	
86	3,5- 二硝基甲苯	3,5-Dinitrotoluene	618-85-9	√	√	
87	二硝基苯酚同分异构体	Dinitrophenol isomers	51-28-5，329-71-5，573-56-8，25550-58-7	√	√	
88	苯磺酸，5-（(2, 4- 二硝基苯基）氨基）-2-（苯胺基）及其盐类	Benzenesulfonic acid, 5-((2, 4-dinitrophenyl) amino)-2-(phenylamino)-, and its salts	6373-74-6，15347-52-1	√	√	
89	地美戊胺及其盐类	Dimevamide and its salts	60-46-8	√	√	
90	亚硝基二甲胺	Dimethylnitrosoamine	62-75-9	√	√	
91	7,11- 二甲基 -4,6,10- 十二碳三烯 -3- 酮	7, 11-Dimethyl-4, 6, 10-dodecatrien-3-one (pseudomethylionone)	26651-96-7	√	√	

表 3-4（续）

序号	中文名称	英文名称	CAS 号	韩国	中国	备注
92	（2,6- 二甲基 -1,3- 二噁烷 -4- 基）乙酸酯	2,6-Dimethyl-1,3-dioxan-4-yl acetate (dimethoxane)	828-00-2	√	√	
93	4,6- 二甲基 -8- 特丁基香豆素	4, 6-Dimethyl-8-tert-butylcoumarin	17874-34-9	√	√	
94	3,3′-（(1,1′- 联苯）-4,4′- 二基双（偶氮））双（4- 萘胺 -1- 磺酸）二钠	Disodium 3,3′-((1,1′-biphenyl)-4,4′-diylbis(azo))bis(4-aminonaphthalene-1-sulfonate)	573-58-0	√	√	
95	二甲基氨磺酰氯化物	Dimethylsulfamoyl-chloride	13360-57-1	√	√	
96	硫酸二甲酯	Dimethyl sulfate	77-78-1	√	√	
97	二甲基亚砜	Dimethyl sulfoxide	67-68-5	√	√	
98	二甲基柠康酸酯	Dimethyl citraconate	617-54-9	√	√	
99	*N, N*- 二甲基苯胺四（戊氟化苯基）硼酸盐	*N, N*-Dimethylanilinium tetrakis (pentafluorophenyl)borate	118612-00-3	√	√	
100	*N, N*- 二甲基苯胺	*N, N*-dimethylaniline	121-69-7	√	√	
101	1- 二甲基氨基甲基 -1- 甲基丙基苯甲酸（阿米卡因）及其盐类	1-Dimethylaminomethyl-1-methylpropyl benzoate(amylocaine)and its salts	644-26-8	√	√	
102	苯并 [a] 吩噁嗪 -7- 鎓，9-（二甲氨基）- 及其盐类	Benzo[a]phenoxazin-7-ium, 9-(dimethylamino)-and its salts	7057-57-0, 966-62-1	√	√	
103	5-（(4-（二甲氨基）苯基）偶氮）-1,4- 二甲基 -1*H*-1,2,4- 三唑鎓及其盐类	5-((4-(Dimethylamino)phenyl)azo)-1,4-dimethyl-1*H*-1,2,4-triazolium and its salts	12221-52-2	√	√	
104	二甲胺	Dimethylamine	124-40-3	√	√	

表 3-4（续）

序号	中文名称	英文名称	CAS 号	韩国	中国	备注
105	*N*, *N*- 二甲基乙酰胺	*N*, *N*-dimethylacetamide	127-19-5	√	√	
106	3,7- 二甲基辛烯醇（6,7- 二氢牻牛儿醇）	3,7-Dimethyl-2-octen-1-ol(6,7-dihydrogeraniol)	40607-48-5	√	√	
107	6,10- 二甲基 -3,5,9- 十二碳三烯 -2- 酮	6,10-Dimethyl-3,5,9-undecatrien-2-one(pseudoionone)	117-41-5	√	√	
108	二甲基氨基甲酰氯	Dimethylcarbamoyl chloride	79-44-7	√	√	
109	*N*, *N*- 二甲基 - 对苯二胺及其盐类	*N*, *N*-Dimethyl-*p*-phenylenediamine and its salts	99-98-9 6219-73-4	√	√	
110	1,3- 二甲基戊胺及其盐类	1,3-Dimethylpentylamineand its salts	105-41-9	√	√	
111	二甲基甲酰胺	Dimethylformamide	68-12-2	√	√	
112	*N*, *N*- 二甲基 -2,6- 嘧啶二胺及其氯化氢盐	*N*, *N*-Dimethyl-2,6-pyridinediamine and its HCl salt		√	√	
113	*N*, *N'*- 二甲基 -*N*- 羟乙基 -3- 硝基对苯二胺及其盐类	*N*, *N'*-Dimethyl-*N*-hydroxyethyl-3-nitro-*p*-phenylenediamineand its salts	10228-03-2	√	√	
114	3H- 吲哚鎓，2-（2-（（2,4- 二甲氧基苯基）氨基）乙基）-1,3,3- 三甲基 - 及其盐类	3H-Indolium, 2-(2-((2,4-dimethoxyphenyl) amino)ethenyl)-1,3,3-trimethyl-, and its salts	4208-80-4	√	√	
115	五氧化二钒	Divanadium pentaoxide	1314-62-1	√	√	
116	二苯并 [a, h] 蒽	Dibenz[a, h]anthracene	53-70-3	√	√	
117	2,2- 二溴 -2- 硝基乙醇	2, 2-Dibromo-2-nitroethanol	69094-18-4	√	√	
118	甲基二溴戊二腈	Methyldibromo glutaronitrile	35691-65-7	√	√	

表 3-4（续）

序号	中文名称	英文名称	CAS 号	韩国	中国	备注
119	二溴 *N*- 水杨酰苯胺类	Dibromosalicylanilides		√	√	
120	辛酸 2,6- 二溴 -4- 氰苯酯	2,6-Dibromo-4-cyanophenyl octanoate	1689-99-2	√	√	
121	1,2- 二溴乙烷	1,2-Dibromoethane	106-93-4	√	√	
122	1,2- 二溴 -3- 氯丙烷	1,2-Dibromo-3-chloropropane	96-12-8	√	√	
123	5-（α, β- 二溴苯乙基）-5- 甲基乙内酰脲	5-(α, β-Dibromophenethyl)-5-methylhydantoin	511-75-1	√	√	
124	2,3- 二溴 -1- 丙醇	2,3-Dibromopropan-1-ol	96-13-9	√	√	
125	溴苯腈及其盐类	Bromoxynil and its salts	1689-84-5，56634-95-8	√	仅指溴苯腈	
126	双溴丙脒及其盐类（包括羟乙磺酸盐）	Dibromopropamidine and its salts (including isethionate)		√		
127	双硫仑	Disulfiram	97-77-8	√	√	
128	（5-（（4'-（（2,6- 二羟基 -3-（（2- 羟基 -5- 磺苯基）偶氮）苯基）偶氮）（1,1'- 联苯）-4- 基）偶氮）水杨酰（4-））铜酸（2-）二钠	Disodium(5-((4'-((2,6-dihydroxy-3-((2-hydroxy-5-sulfophenyl)azo)phenyl)azo)(1,1'-biphenyl)-4-yl)azo)salicylato(4-))cuprate(2-)	16071-86-6	√	√	
129	刚果红	Congo Red	573-58-0	√	√	
130	4- 氨基 -3-（（4'-（（2,4- 二氨基苯）偶氮）（1,1'- 联苯）-4- 基）偶氮）-5- 羟基 -6-（苯偶氮基）萘 -2,7- 二磺酸二钠	Disodium 4-amino-3-((4'-((2,4-diaminophenyl) azo)(1,1'-biphenyl)-4-yl)azo)-5-hydroxy-6-(phenylazo)naphthalene-2,7-disulfonate	1937-37-7	√	√	

表 3-4（续）

序号	中文名称	英文名称	CAS 号	韩国	中国	备注
131	4-（3-乙氧基羰基-4-（5-（3-乙氧基羰基-5-羟基-1-（4-磺酸基苯基）吡唑-4基）戊-2,4-二烯基）-4,5-二氢化-5-氧代吡唑-1-基）苯磺酸二钠盐和4-（3-乙氧基羰基-4-（5-（3-乙氧基羰基-5-环氧基-1-（4-磺酸基苯基）吡唑-4基）戊-2,4-二烯基）-4,5-二氢化-5-氧代吡唑-1-基）苯磺酸三钠盐的混合物	A mixture of: disodium 4-(3-ethoxycarbonyl-4-(5-(3-ethoxycarbonyl-5-hydroxy-1-(4-sulfonatophenyl)pyrazol-4-yl)penta-2,4-dienylidene)-4,5-dihydro-5-oxopyrazol-1-yl)benzenesulfonate and trisodium 4-(3-ethoxycarbonyl-4-(5-(3-ethoxycarbonyl-5-oxido-1-(4-sulfonatophenyl)pyrazol-4-yl)penta-2,4-dienylidene)-4,5-dihydro-5-oxopyrazol-1-yl)benzenesulfonate		√	√	
132	分散红 15	Disperse Red 15	116-85-8	√	√	中国：作为杂质存在于分散紫 1 中的除外
133	分散黄 3	Disperse Yellow 3	2832-40-8	√	√	
134	醋谷地阿诺	Deanol aceglumate	3342-61-8	√	√	
135	邻联（二）茴香胺基偶氮染料	*o*-Dianisidine based azo dyes		√	√	
136	3,3′-二甲氧基联苯胺及其盐类	3,3′-Dimethoxybenzidine and its salts	119-90-4	√	√	
137	酚嗪鎓，3,7-二氨基-2,8-二甲基-5-苯基-及其盐类	Phenazinium, 3,7-diamino-2,8-dimethyl-5-phenyl- and its salts	477-73-6	√	√	
138	2,6-二氨基-3,5-二甲氧基吡啶及其盐类（如：2,6-二甲氧基-3,5-吡啶二胺盐酸盐）	2,6-diamino-3,5-dimethoxypyridine and its salts(e.g.2,6-dimethoxy-3,5-pyridinediamine HCl)	56216-28-5，85679-78-3	√		2,6-二甲氧基-3,5-吡啶二胺盐酸盐作为染发剂的规定见表 3-7

表 3-4（续）

序号	中文名称	英文名称	CAS 号	韩国	中国	备注
139	2,4- 二氨基二苯基胺	2,4-Diaminodiphenylamine	136-17-4	√	√	
140	4,4′- 二氨基二苯胺及其盐类	4,4′-Diaminodiphenylamine and its salts	537-65-5	√	√	
141	2,4- 二氨基 -5- 甲基苯乙醚及其盐酸盐	2,4-Diamino-5-methylphenetol and its HCl salt	113715-25-6	√	√	
142	2,4- 二氨基 -5- 甲基苯氧基乙醇及其盐类	2,4-Diamino-5-methylphenoxyethanol and its salts	141614-05-3, 13715-27-8	√	√	
143	4,5- 二氨基 -1- 甲基吡唑及其盐酸盐	4,5-Diamino-1-methylpyrazole and its HCl salt	20055-01-0, 21616-59-1	√	√	
144	分散红 11 及其盐类	Disperse Red 11 and its salts	2872-48-2	√	√	
145	3,4- 二氨基苯甲酸	3,4-Diaminobenzoic acid	619-05-6	√	√	
146	工业级的二氨基甲苯（甲基苯二胺，4- 甲基 - 间 - 苯二胺和 2- 甲基 - 间 - 苯二胺的混合物）	Diaminotoluene, technical product -mixture of(4-methyl-m-phenylene diamine and 2-methyl-m-phenylenediamine)2 methyl-phenylenediamine	25376-45-8	√	√	
147	2,4- 二氨基苯氧基乙醇及其盐类	2,4-Diaminophenoxyethanol and its salts		√		2,4- 二氨基苯氧基乙醇盐酸盐和硫酸盐作为染发剂的规定见表 3-7
148	苯胺，3-（（4-（（二氨基（苯偶氮基）苯基）偶氮）-1- 萘基）偶氮）-*N*, *N*, *N*- 三甲基 - 及其盐类	Benzenaminium, 3-((4-((diamino (phenylazo)phenyl) azo)- 1-naphthalenyl) azo)-*N*, *N*, *N*-trimethyl-, and its salts	83803-98-9	√	√	

表 3-4（续）

序号	中文名称	英文名称	CAS 号	韩国	中国	备注
149	苯胺，3-((4-((二氨基（苯偶氮基）苯基）偶氮）-2-甲苯基）偶氮）-*N*, *N*, *N*-三甲基-及其盐类	Benzenaminium, 3-((4-((diamino(phenylazo)phenyl) azo)-2-methylphenyl) azo)-*N*, *N*, *N*-trimethyl-, and its salts	83803-99-0	√	√	
150	4,4′-二氨基二苯胺及其盐类（如：4,4′-二氨基二苯胺硫酸盐）	4,4′-Diaminodiphenylamine and its salts (e.g.4,4′-diaminodiphenylamine sulfate)	537-65-5	√	√	
151	2,4-二氨基苯乙醇及其盐类	2,4-Diaminophenylethanol and its salts	14572-93-1	√	√	
152	*O*, *O*′-二乙酰基-*N*-烯丙基-*N*-去甲基吗啡	*O*, *O*′-diacetyl-*N*-allyl-*N*-normorphine	2748-74-5	√	√	
153	重氮甲烷	Diazomethane	334-88-3	√	√	
154	燕麦敌	Di-allate	2303-16-4	√	√	
155	磷酸-4-硝基苯酚二乙醇酯	Diethyl 4-nitrophenyl phosphate	311-45-5	√	√	
156	对硫磷	Parathion	56-38-2	√	√	
157	二甘醇	Diethylene glycol	111-46-6	√	√	韩国：作为非故意残留物，含量在 0.1% 以下的除外
158	马来酸二乙酯	Diethyl maleate	141-05-9	√	√	
159	硫酸二乙酯	Diethyl sulfate	64-67-5	√	√	
160	珍尼柳酯及其盐类	Xenysalate and its salts	3572-52-9	√	√	
161	4-二乙基氨基邻甲苯胺及其盐类	4-Diethylamino-o-toluidine and its salts	148-71-0, 24828-38-4, 2051-79-8	√	√	

表 3-4（续）

序号	中文名称	英文名称	CAS 号	韩国	中国	备注
162	*N*-（4-（（4-（二乙基氨基）苯基）（4-（乙基氨基）-1-萘基）亚甲基）-2,5-环己二烯-1-亚基）-*N*-乙基-乙胺及其盐类	*N*-(4-((Diethylamino)phenyl)(4-(ethylamino)-1-naphthyl)methylene)-2,5-cyclohexanediene-1-subunit)-*N*-ethyl-ethylammonium and its salts		√		
163	*N*-（4-（（4-（二乙胺）苯亚甲基）-2,5-环己二烯-1-亚基）-*N*-乙基-乙胺及其盐类	*N*-(4-((Diethylamine)phenylmethylene)-2,5-cyclohexanediene-1-subunit)-*N*-ethyl-ethylammonium and its salts		√		
164	*N*, *N*-二乙基间氨基苯酚	*N*, *N*-Diethyl-*m*-Aminophenol	91-68-9，68239-84-9	√	√	
165	肉桂酸-3-（二乙）氨基丙酯	3-Diethylaminopropyl cinnamate	538-66-9	√	√	
166	二乙基氨基甲酰氯	Diethylcarbamoyl-chloride	88-10-8	√	√	
167	*N*, *N*-二乙基对苯二胺及其盐类	*N*, *N*-Diethyl-*p*-phenylenediamine and its salts	93-05-0，6065-27-6，6283-63-2	√	√	
168	狄氏剂	Dieldrin	60-57-1	√	√	
169	二噁烷	Dioxane	123-91-1	√	√	
170	二羟西君及其盐类	Dioxethedrin and its salts	497-75-6	√	√	
171	5-（2,4-二氧代-1,2,3,4-四氢嘧啶）-3-氟-2-羟基甲基四氢呋喃	5-(2,4-Dioxo-1,2,3,4-tetrahydropyrimidine)-3-fluoro-2-hydroxymethylterahydrofuran	41107-56-6	√	√	
172	二硫代-2,2′-双吡啶-二氧化物 1,1′（添加三水合硫酸镁）-（双吡硫酮 + 硫酸镁）	Dithio-2,2-bispyridine-dioxide 1,1′(additive with trihydrated magnesium sulphate)-(pyrithione disulphide + magnesium sulphate)	43143-11-9	√	√	

表 3-4（续）

序号	中文名称	英文名称	CAS 号	韩国	中国	备注
173	双香豆素	Dicoumarin	66-76-2	√	√	
174	2,3- 二氯 -2- 甲基丁烷	2,3-Dichloro-2-methylbutane	507-45-9	√	√	
175	1,4- 二氯苯（对二氯苯）	1,4-Dichlorobenzene (*p*-Dichlorobenzene)	106-46-7	√	√	
176	3,3′- 二氯联苯胺	3,3′-Dichlorobenzidine	91-94-1	√	√	
177	二硫酸二氢 3,3′- 二氯联苯胺	3,3′-Dichlorobenzidine dihydrogen *bis* (sulfate)	64969-34-2	√	√	
178	3,3′- 二氯联苯胺二盐酸盐	3,3′-Dichlorobenzidine dihydrochloride	612-83-9	√	√	
179	3,3′- 二氯联苯胺硫酸盐	3,3′-Dichlorobenzidine sulfate	74332-73-3	√	√	
180	1,4- 二氯 -2- 丁烯	1,4-Dichlorobut-2-ene	764-41-0	√	√	
181	颜料黄 12 及其盐类	Pigment Yellow 12 and its salts	6358-85-6	√	√	
182	二氯 *N*- 水杨酰苯胺类	Dichlorosalicylanilides	1147-98-4	√	√	
183	二氯乙烯类（乙炔基氯类）（如：偏氯乙烯（1,1- 二氯乙烯））	Dichloroethylenes(acetylene chlorides)(e.g. vinylidene chloride(1, 1-dichloroethylene))		√	√	
184	二氯乙烷类（乙烯基氯类）（如：1,2- 二氯乙烷）	Dichloroethanes(ethylene chlorides)(e.g. 1,2-dichloroethane)	107-06-2	√	√	
185	二氯 -*m*- 二甲酚	Dichloro-*m*-xylenol		√		
186	*α*, *α*- 二氯甲苯	*α*, *α*-Dichlorotoluene	98-87-3	√	√	
187	双氯酚	Dichlorophen	97-23-4	√		中国：作为其他准用成分的规定见表 3-8
188	1,3- 二氯 -2- 丙醇	1,3-Dichloropropan-2-ol	96-23-1	√	√	

表 3-4（续）

序号	中文名称	英文名称	CAS 号	韩国	中国	备注
189	2,3- 二氯丙烯	2,3-Dichloropropene	78-88-6	√	√	
190	地芬诺酯	Diphenoxylate hydrochloride		√	√	
191	1,3- 二苯胍	1,3-Diphenylguanidine	102-06-7	√	√	
192	二苯胺	Diphenylamine	122-39-4	√	√	
193	二苯醚的八溴衍生物	Diphenylether, octabromo derivate	32536-52-0	√	√	
194	去氧苯妥英	Doxenitoin	3254-93-1	√	√	
195	二苯沙秦	Difencloxazine	5617-26-5	√	√	
196	溶剂黑 3 及其盐类	Solvent Black 3 and its salts	4197-25-5	√	√	
197	环香豆素	Cyclocoumarol	518-20-7	√	√	
198	2,3- 二氢 -2 氢 -1,4- 苯并噁嗪 -6- 醇及其盐类	2,3-Dihydro-2H-1,4-benzoxazine-6-alcohol and its salts		√		羟苯并吗啉作为染发剂的规定见表 3-7
199	2,3- 二氢 -1 氢 - 吲哚 -5,6- 二醇及其溴化氢盐	2,3-Dihydro-1H-indole-5,6-diol and its HBr salts		√		韩国：作为染发剂的规定见表 3-7
200	（*S*）-2,3- 二氢 -1H- 吲哚 - 羧酸	(*S*)-2,3-Dihydro-1H-indole-carboxylic acid	79815-20-6	√	√	
201	二氢速甾醇	Dihydrotachysterol	67-96-9	√	√（抗感染类药物）	
202	2,6- 二羟基 -3,4- 二甲基吡啶及其盐类	2,6-Dihydroxy-3,4-dimethylpyridine and its salts		√		
203	2,4- 二羟基 -3- 甲基苯甲醛	2,4-Dihydroxy-3-methylbenzaldehyde	6248-20-0	√	√	

表 3-4（续）

序号	中文名称	英文名称	CAS 号	韩国	中国	备注
204	4,4′- 二羟基 -3,3′-（3- 甲基硫代亚丙基）双香豆素	4,4′-Dihydroxy-3,3′-(3-methylthiopropylidene)dicoumarin		√	√	
205	2,6- 二羟基 -4- 甲基吡啶及其盐类	2,6-Dihydroxy-4-methylpyridineand its salts	4664-16-8	√	√	
206	分散蓝 7 及其盐类	Disperse Blue 7 and its salts	3179-90-6	√	√	
207	4-（4-（1,3- 二羟基丙 -2- 基）苯氨基）-1,8- 二羟基 -5- 硝基蒽醌	4-(4-(1,3-Dihydroxyprop-2-yl)phenylamino)-1,8-dihydroxy-5-nitroanthraquinone	114565-66-1	√	√	
208	六氯酚	Hexachlorophene	70-30-4	√	√	
209	3,4- 二氢香豆	3,4-Dihydrocoumarine	119-84-6	√	√	
210	双羟乙基双鲸蜡基马来酰胺	Bishydroxyethyl biscetyl malonamide	149591-38-8	√	√	
211	4,6- 二硝基邻甲酚	DNOC	534-52-1	√	√	
212	月桂树籽油	*Laurus nobilis* L.(Oil from the seeds)	84603-73-6	√	√	
213	萝芙木生物碱类及其盐类	Rauvolfia alkaloids and its salts		√		
214	紫胶色酸（自然红 25）及其盐类	Laccaic acid (Natural Red 25) and its salts	60687-93-6	√	√	
215	间苯二酚二缩水甘油醚	Resorcinol diglycidyl ether	101-90-6	√	√	
216	着色剂 CI 45170 和着色剂 CI 45170：1	Colouring agent CI 45170 and CI 45170: 1	81-88-9，509-34-2	√	√	
217	桔梗科半边莲属植物	*Lobelia* L. (Campanulaceae)		√	√	
218	洛贝林及其盐类	Lobelineand its salts	90-69-7	√	√	

表 3-4（续）

序号	中文名称	英文名称	CAS 号	韩国	中国	备注
219	利农伦	Linuron	330-55-2	√	√	
220	利多卡因	Lidocaine	137-58-6	√	√	
221	过氧化值超过 20mmol/L 的 d-苧烯	d-Limonene(Peroxide value >20 mmol/L)		√		
222	过氧化值超过 20mmol/L 的 dl-苧烯	dl-Limonene(Peroxide value >20 mmol/L)		√		
223	过氧化值超过 20mmol/L 的 l-苧烯	l-Limonene(Peroxide value >20 mmol/L)		√		
224	麦角二乙胺及其盐类	Lysergide and its salts	50-37-3	√	√	
225	麻醉药类（韩国麻醉药类管理法第 2 条规定）	Narcotic drugs(Article 2 of the Republic of Korean Narcotics Control Act)		√	指中国规定管制的麻醉药品品种	
226	腈菌唑	Myclobutanil	88671-89-0	√	√	
227	麻醉剂（天然及合成）	Narcotics(natural and synthetic)		√		
228	甘露莫司汀及其盐类	Mannomustineand its salts	576-68-1	√	√	
229	孔雀石绿的盐酸盐和草酸盐	Malachite green hydrochloride, malachite green oxalate	569-64-2，18015-76-4	√	√	
230	丙二腈	Malononitrile	109-77-3	√	√	
231	1-甲基-3-硝基-1-亚硝基胍	1-Methyl-3-nitro-1-nitrosoguanidine	70-25-7	√	√	
232	1-甲基-3-硝基-4-（β-羟乙基）苯胺及其盐类（如：羟乙基-2-硝基对甲苯胺）	1-Methyl-3-nitro-4-(beta-hydroxyethyl) aniline and its salts(e.g. hydroxyethyl-2-nitro-*p*-toluidine)		√		羟乙基-2-硝基对甲苯胺作为染发剂的规定见表 3-7

表 3-4（续）

序号	中文名称	英文名称	CAS 号	韩国	中国	备注
233	N- 甲基 -3- 硝基对苯二胺及其盐类	*N*-Methyl-3-nitro-*p*-phenylenediamine and its salts	2973-21-9	√	√	
234	HC 蓝 4 及其盐类	HC Blue 4 and its salts	158571-57-4	√	√	
235	3,4- 亚甲二氧基苯酚（芝麻酚）及其盐类	3,4-Methylenedioxyphenol and its salts	533-31-3	√	√	
236	2- 甲基间苯二酚	2-Methylresorcinol	608-25-3	√		作为染发剂的规定见表 3-7
237	4,4′- 二苯氨基甲烷	4,4′-Methylenedianiline	101-77-9	√	√	
238	3,4- 亚甲二氧基苯胺及其盐类	3,4-Methylenedioxyaniline and its salts	14268-66-7	√	√	
239	4,4′- 亚甲基 - 二邻甲苯胺	4,4′-Methylenedi-*o*-toluidine	838-88-0	√	√	
240	4,4′- 亚甲基双（2- 乙基苯胺）	4,4′-Methylene bis(2-ethylaniline)	19900-65-3	√	√	
241	（亚甲基双（4,1- 亚苯基偶氮（1-（3-（二甲基氨基）丙基）-1,2- 二氢化 -6- 羟基 -4- 甲基 -2- 氧代嘧啶 -5,3- 二基）））-1,1′- 二吡啶盐的二氯化物二盐酸化物	(Methylenebis(4,1-phenylenazo(1-(3-(dimethylamino)propyl)-1,2-dihydro-6-hydroxy-4-methyl-2-oxopyridine-5,3-diyl)))-1,1′-dipyridinium dichloride dihydrochloride		√	√	
242	4,4′- 亚甲基双（2-（4- 羟基苄基）-3,6- 二甲基苯酚）和 6- 重氮基 -5，6- 二氢化 -5- 氧代 - 萘磺酸盐的 1：2 反应产物及 4,4′- 亚甲基双（2-（4- 羟基苄基）-3，6- 二甲基苯酚）和 6- 重氮基 -5,6- 二氢化 -5- 氧代萘磺酸盐的 1：3 反应产物的混合物	A mixture of: reaction product of 4,4′-methylenebis (2-(4-hydroxybenzyl)-3,6-dimethylphenol) and 6-diazo-5, 6-dihydro-5-oxo-naphthalenesulfonate(1：2)and reaction product of 4, 4′-methylenebis (2-(4-hydroxybenzyl)-3,6-dimethylphenol) and 6-diazo-5,6-dihydro-5-oxonaphthalenesulfonate(1：3)		√	√	

表 3-4（续）

序号	中文名称	英文名称	CAS 号	韩国	中国	备注
243	二氯甲烷	Dichloromethane	75-09-2	√	√	
244	3-（*N*-甲基-*N*-（4-甲氨基-3-硝基苯基）氨基）丙烷-1,2-二酮及其盐类	3-(*N*-Methyl-*N*-(4-methylamino-3-nitrophenyl)amino)propane-1,2-diol and its salts	93633-79-5	√	√	
245	甲基丙烯酸甲酯单体	Methyl methacrylate monomer		√		
246	反式-2-丁烯酸甲基酯	Methyl trans-2-butenoate	623-43-8	√	√	
247	2-（3-（甲氨基）-4-硝基苯氧基）乙醇及其盐类（如：3-甲氨基-4-硝基苯氧基乙醇）	2-(3-(methylamino)-4-nitrophenoxy)ethanol and its salts		√		韩国：在非氧化型染发剂中，含量 0.15% 以下除外
248	*N*-甲基乙酰胺	*N*-Methylacetamide	79-16-3	√	√	
249	乙酸（甲基-ONN-氧化偶氮基）甲酯	(Methyl-ONN-azoxy)methyl acetate	592-62-1	√	√	
250	2-甲基氮丙啶	2-Methylaziridine	75-55-8	√	√	
251	甲基环氧乙烷	Methyloxirane(propylene oxide)	75-56-9	√	√	
252	甲基丁香酚	Methyleugenol	93-15-2	√	√（天然香料含有的除外）	韩国：植物提取物中天然含有不超过下列浓度时除外：香精原液含量大于 8% 的产品中含量 0.01%，香精原液含量小于 8% 的产品中含量 0.004%，芳香霜产品中含量 0.002%，使用后冲洗掉的产品中含量 0.001%，其他产品中含量 0.0002%

表 3-4（续）

序号	中文名称	英文名称	CAS 号	韩国	中国	备注
253	*N*, *N*-((甲基亚氨基）二乙烯）双（乙基二甲基铵）盐（如：阿扎溴铵）	*N*, *N'*-((Methylimino)diethylene)bis (ethyldimethylammonium) salts (e.g. azamethonium bromide)	306-53-6	√	√	
254	异氰酸甲酯	Methyl isocyanate	624-83-9	√	√	
255	6- 甲基香豆素	6-Methylcoumarin		√		
256	7- 甲基香豆素	7-Methylcoumarin	2445-83-2	√	√	
257	亚胺菌	Kresoxim-methyl	143390-89-0	√	√	
258	1- 甲基 -2,4,5- 三羟基苯及其盐类	1-Methyl-2,4,5-trihydroxybenzene and its salts	1124-09-0	√	√	
259	哌甲酯及其盐类	Methylphenidate and its salts	113-45-1	√	√	
260	3- 苯基 -1- 甲基 -5- 吡唑啉酮（如：苯基甲基吡唑啉酮）及其盐类	3-Methyl-1-phenyl-5-pyrazolone(e.g. phenyl methyl pyrazolone)and its salts	89-25-8	√		作为染发剂的规定见表 3-7
261	甲基苯二胺类，其 *N*- 取代衍生物及其盐类（如：2,6- 二羟乙基氨甲苯）	Methylphenylenediamines, their *N*-substituted derivatives and their salts (e.g.2,6-dihydroxyethylaminotoluene)		√		作为染发剂的规定见表 3-7
262	二异氰酸 2- 甲基 - 间 - 亚苯酯（甲苯 -2,6- 二异氰酸酯）	2-Methyl-*m*-phenylene diisocyanate (toluene 2,6-diisocyanate)	91-08-7	√	√	
263	二异氰酸 4- 甲基 - 间 - 亚苯酯（甲苯 -2,4- 二异氰酸酯）	4-Methyl-*m*-phenylene diisocyanate (toluene 2,4-diisocyanate)	584-84-9	√	√	
264	碱性棕 4 及其盐类	Basic Brown 4 and its salts	4482-25-1	√	√	

表 3-4（续）

序号	中文名称	英文名称	CAS 号	韩国	中国	备注
265	1,3- 苯二胺，4- 甲基 -6-（苯偶氮基）及其盐类	1,3-Benzenediamine, 4-methyl-6-(phenylazo)-and its salts	4438-16-8	√	√	
266	*N*- 甲基甲酰胺	*N*-Methylformamide	123-39-7	√	√	
267	5- 甲基 -2,3- 己二酮	5-Methyl-2,3-hexanedione	13706-86-0	√	√	
268	2- 甲基庚胺及其盐类	2-Methylheptylamine and its salts	540-43-2	√	√	
269	美卡拉明	Mecamylamine	60-40-2	√	√	
270	着色剂 CI 13065	Colouring agent CI 13065	587-98-4	√	√	
271	甲醇	Methanol	67-56-1	√	√	韩国：只限于作为乙醇及异丙醇的变性剂使用，在酒精中的使用限度为 5%
272	美索庚嗪及其盐类	Metethoheptazine and its salts	509-84-2	√	√	
273	美索巴莫	Methocarbamol	532-03-6	√	√	
274	甲氨喋呤	Methotrexate	59-05-2	√	√	
275	4- 硝基 -2- 甲氧基苯酚（4- 硝基愈创木酚）及其盐类	2-Methoxy-4-nitrophenol(4-nitroguaiacol) and its salts	3251-56-7	√	√	
276	2-((2- 甲氧基 -4- 硝基苯基）氨基）乙醇及其盐类（如：2- 羟乙氨基 -5- 硝基茴香醚）	2-((2-methoxy-4-nitrophenyl)amino) ethanol and its salts		√		韩国：在非氧化型染发剂中，含量 0.2% 以下的除外
277	2,4- 二氨基茴香（1- 甲氧基 -2,4- 二氨基苯）及其盐类	2,4-Diaminoanisole (1-methoxy-2,4-diaminobenzene) and its salts	615-05-4	√	√	

表 3-4（续）

序号	中文名称	英文名称	CAS 号	韩国	中国	备注
278	2,5- 二氨基茴香（1- 甲氧基 -2,5- 二氨基苯）及其盐类	2,5-Diaminoanisole(1-methoxy-2,5-diaminobenzene)and its salts	5307-02-8	√	√	
279	2- 甲氧基甲基对氨基苯酚	2-Methoxymethyl-*p*-aminophenol and its HCl salt	135043-65-1，29785-47-5	√	√	
280	6- 甲氧基 -*N*2- 甲基 -2,3- 二氨基吡啶盐酸盐及二盐酸盐	6-Methoxy-*N*2-methyl-2,3-pyridinediamine hydrochloride and dihydrochloride salt	90817-34-8，83732-72-3	√	√	
281	2-（4- 甲氧苄基 -*N*-（2- 吡啶基）氨基）乙基二甲胺马来酸盐	2-(4-Methoxybenzyl-*N*-(2-pyridyl)amino) ethyldimethylamine maleate	59-33-6	√	√	
282	甲氧基乙酸	Methoxyacetic acid	625-45-6	√	√	
283	2- 甲氧基乙酸乙酯	2-Methoxyethyl acetate	110-49-6	√	√	
284	*N*-（2- 甲氧基乙基）- 对苯二胺及其盐酸盐	*N*-(2-Methoxyethyl)-*p*-phenylenediamine and its HCl salt	72584-59-9，66566-48-1	√	√	
285	2- 甲氧基乙醇	2-Methoxyethanol	109-86-4	√	√	
286	2-（2- 甲氧基乙氧基）乙醇	2-(2-Methoxyethoxy)ethanol	111-77-3	√	√	
287	7- 甲氧基香豆素	7-Methoxycoumarin	531-59-9	√	√	
288	4- 甲氧基甲苯 -2,5- 二胺及其盐酸盐	4-Methoxytoluene-2,5-Diamine and its HCl salt	56496-88-9	√	√	
289	2- 甲氧基 -5- 甲基苯胺	6-Methoxy-m-toluidine; (p-Cresidine)	120-71-8	√	√	
290	3H- 吲哚鎓，2-(((4- 甲氧基苯基）甲基亚肼基）甲基）-1,3,3- 三甲基 - 及其盐类	3H-Indolium, 2-(((4-methoxyphenyl) methylhydrazono) methyl)-1,3,3- trimethyl- and its salts	54060-92-3	√	√	

表 3-4（续）

序号	中文名称	英文名称	CAS 号	韩国	中国	备注
291	*p*- 羟基苯甲醚	*p*-Hydroxyanisole		√		
292	4-（4- 甲氧基苯基）-2- 丁烯 -2- 酮	4-(4-Methoxyphenyl)-3-butene-2-one(anisylidene acetone)	943-88-4	√	√	
293	1-（4- 甲氧基苯基）-1- 戊烯 -3- 酮	1-(4-Methoxyphenyl)-1-penten-3-one(α-methylanisylideneacetone)	104-27-8	√	√	
294	2- 甲氧基丙醇	2-Methoxypropanol	1589-47-5	√	√	
295	2- 甲氧基丙醇及其乙酸酯	2-Methoxypropanol and its acetate	1589-47-5，70657-70-4	√	√	
296	6- 甲氧基 -2,3- 二氨基吡啶及其盐酸盐	6-Methoxy-2,3-pyridinediamine and its HCl salt	94166-62-8	√	√	
297	聚乙醛	Metaldehyde	9002-91-9	√	√	
298	甲胺苯丙酮及其盐类	Metamfepramone and its salts	15351-09-4	√	√	
299	二甲双胍及其盐类	Metformin and its salts	657-24-9	√	√	
300	美庚嗪及其盐类	Metheptazine and its salts	69-78-3	√	√	
301	美替拉酮	Metyrapone	54-36-4	√	√	
302	甲乙哌酮及其盐类	Methyprylon and its salts	125-64-4	√	√	
303	美芬新及其酯类	Mephenesin and its esters	59-47-2	√	√	
304	美非氯嗪及其盐类	Mefeclorazine and its salts	1243-33-0	√	√	
305	甲丙氨酯	Meprobamate	57-53-4	√	√	
306	仲链烷胺含量大于 0.5% 的单链烷胺，单链烷醇胺及它们的盐类	Monoalkylamines, monoalkanolamines (secondary alkyl amine ＞0.5%)and their salts		√		中国：作为其他准用组分的规定见表 3-8

表 3-4（续）

序号	中文名称	英文名称	CAS 号	韩国	中国	备注
307	久效磷	Monocrotophos	6923-22-4	√	√	
308	灭草隆	Monuron	150-68-5	√	√	
309	吗啉及其盐类	Morpholine and its salts	110-91-8	√	√	
310	伞花麝香	Moskene	116-66-5	√	√	
311	莫非布宗	Mofebutazone	2210-63-1	√	√	
312	云木香根油（木香根油）	*Aucklandia costus* Falc.; *Saussurea lappa*(synonym)(Costus root oil)	8023-88-9	√	√	
313	禾草敌	Molinate	2212-67-1	√	√	
314	吗啉 -4- 碳酰氯	Morpholine-4-carbonyl chloride	15159-40-7	√	√	
315	无花果叶净油	*Ficus carica* L.(Fig leaf absolute)	68916-52-9	√	√	
316	矿石棉	Mineral wool		√	√	
317	塑料微珠（清洁、去除角质等产品中残留的 5mm 以下的固体塑料）	Plastic beads(solid plastics less than 5mm residue in cleaning, removing cutin and other products)		手脚皮肤软化产品（仅限于淋洗类产品）		
318	钡盐（硫酸钡及由着色剂制备的钡盐除外）	Barium salts, with the exception of barium sulfate and barium salts prepared from colorants		√	√	
319	巴比妥酸盐类	Barbiturates		√	√	
320	2,2′- 二环氧乙烷	2,2′-Bioxirane(1,2：3,4-diepoxybutane)	1464-53-5	√	√	
321	戊诺酰胺	Valnoctamide	4171-13-5	√	√	

表 3-4（续）

序号	中文名称	英文名称	CAS 号	韩国	中国	备注
322	α- 氨基异戊酰胺	Valinamide	20108-78-5	√	√	
323	放射性物质	Radioactive substances		√	√	
324	疫苗、毒素或血清	Vaccines, toxins and serums		√	√	
325	贝那替秦	Benactyzine	302-40-9	√	√	
326	苯菌灵（苯雷特）	Benomyl	17804-35-2	√	√	
327	百合科藜芦属植物及其制剂	Veratrum L, (Liliaceae)		√	√	
328	藜芦碱及其盐类及草药制剂	Veratrine and its salts	8051-02-3	√	√	
329	马鞭草油	*Aloysia citriodora Palau*; *Lippia citriodora Kunth*(Synonym).(Verbena essential oils)		√	√	
330	铍及其化合物	Beryllium and its compounds	7440-41-7	√	√	
331	贝美格及其盐类	Bemegride and its salts	64-65-3	√	√	
332	贝托卡因及其盐类	Betoxycaine and its salts	818-62-0	√	√	
333	着色剂 CI 42535	Colouring agent CI 42535	8004-87-3	√	√	
334	着色剂 CI 42555，着色剂 CI 42555：1，着色剂 CI 42555：2	Colouring agent CI 42555, Colouring agent CI 42555: 1, Colouring agent CI 42555: 2	548-62-9，467-63-0	√	√	
335	1-（β- 脲乙基）氨基 -4- 硝基苯及其盐类（如：4- 硝基苯氨基乙基脲）	1-(Beta-ureidoethyl)amino-4-nitrobenzene and its salts(e.g. 4-nitrophenyl aminoethylurea)		√		
336	HC 蓝 13	HC blue 13		√		
337	苄氟噻嗪及其衍生物	Bendroflumethiazide and its derivatives	73-48-3	√	√	
338	苯	Benzene	71-43-2	√	√	

表 3-4（续）

序号	中文名称	英文名称	CAS 号	韩国	中国	备注
339	1,2- 苯基二羧酸支链和直链二戊基酯，正戊基异戊基邻苯二甲酸酯，双正戊基邻苯二甲酸酯，双异戊基邻苯二甲酸酯	1,2-Benzenedicarboxylic acid, dipentylester, branched and linear, *n*-pentyl-isopentylphthalate, di-*n*-pentyl phthalate diisopentylphthalate	84777-06-0, 131-18-0, 605-50-5	√	√	
340	1,2,4- 苯三酚三乙酸酯及其盐类	1,2,4-Benzenetriacetate and its salts	613-03-6	√	√	
341	2- 萘磺酸，7-（苯甲酰氨基）-4- 羟基 -3-（(4-（(4- 磺酸苯基）偶氮）苯基）偶氮）- 及其盐类	2-Naphthalenesulfonic acid, 7-(benzoylamino)-4-hydroxy-3-((4-((4-sulfophenyl)azo)phenyl) azo)-, and its salts	2610-11-9	√	√	
342	过氧化苯甲酰	Benzoyl peroxide		√	√	
343	苯并［a］芘	Benzo[def]chrysene(benzo[a]pyrene)	50-32-8	√	√	
344	苯并［e］芘	Benzo[e]pyrene	192-97-2	√	√	
345	苯并［j］荧蒽	Benzo[j]fluoranthene	205-82-3	√	√	
346	苯并［k］荧蒽	Benzo[k]fluoranthene	207-08-9	√	√	
347	苯并［e］荧蒽	Benz[e]acephenanthrylene	205-99-2	√	√	
348	苯并吖庚因及苯并二吖庚因	Benzazepines and benzodiazepines	12794-10-4	√	√	
349	苯扎托品及其盐类	Benzatropine and its salts	86-13-5	√	√	
350	苯并［a］蒽	Benz[a]anthracene	56-55-3	√	√	
351	苯并咪唑 -2（3*H*）- 酮	Benzimidazol-2(3*H*)-one	615-16-7	√	√	
352	联苯胺	Benzidine	92-87-5	√	√	
353	联苯胺基偶氮染料	Benzidine based azo dyes		√	√	

表 3-4（续）

序号	中文名称	英文名称	CAS 号	韩国	中国	备注
354	二盐酸联苯胺	Benzidine dihydrochloride	531-85-1	√	√	
355	硫酸联苯胺	Benzidine sulfate	21136-70-9	√	√	
356	乙酸联苯胺	Benzidine acetate	36341-27-2	√	√	
357	苯咯溴铵	Benzilonium bromide	1050-48-2	√	√	
358	2,4- 二溴 - 丁酸苄酯	Benzyl 2,4-dibromobutanoate	23085-60-1	√	√	
359	3（或 5）-（(4-（苯甲基甲氨基）苯基）偶氮）-1，2-（或 1,4）- 二甲基 -1H-1,2,4- 三唑鎓及其盐类	3(or 5)-((4-(Benzylmethylamino)phenyl) azo)-1,2-(or 1,4)-dimethyl-1H-1,2,4-triazolium and its salts	89959-98-8, 12221-69-1	√	√	
360	苄基氰	Benzyl cyanide	140-29-4	√	√	
361	4- 苄氧基苯酚	4-Benzyloxyphenol	103-16-2	√	√	
362	2- 丁酮肟	2-Butanone oxime	96-29-7	√	√	
363	布坦卡因及其盐类	Butanilicaine and its salts	3785-21-5	√	√	
364	丁二烯	Buta-1, 3-diene	106-99-0	√	√	
365	布托哌啉及其盐类	Butopiprine and its salts	55837-15-5	√	√	
366	丁氧基双甘油	Butoxy diglycerol		√		
367	丁氧基乙醇	Butoxy ethanol		√		
368	5-（3- 丁酰基 -2,4,6- 甲基苯基）-2-（1-（乙氧基亚氨基）丙基）-3- 羟基环己 -2- 烯 -1- 酮	5-(3-Butyryl-2,4,6-trimethylphenyl)-2-(1-(ethoxyimino)propyl)-3-hydroxycyclohex-2-en-1-one	138164-12-2	√	√	

表 3-4（续）

序号	中文名称	英文名称	CAS 号	韩国	中国	备注
369	缩水甘油丁醚	Butyl glycidyl ether	2426-08-6	√	√	
370	葵子麝香	Musk ambrette	83-66-9	√	√	
371	1-丁基-3-（*N*-巴豆酰对氨基苯磺酰）脲	1-Butyl-3-(*N*-crotonoylsulphanilyl)urea	52964-42-8	√	√	
372	西藏麝香	Musk tibetene	145-39-1	√	√	
373	4-叔丁基苯酚	4-tert-Butylphenol	98-54-4	√	√	
374	2-（4-叔-丁苯基）乙醇	2-(4-tert-Butylphenyl)ethanol	5406-86-0	√	√	
375	精吡氟乐草灵	Fluazifop-*p*-butyl	79241-46-6	√	√	
376	4-叔丁基邻苯二酚	4-tert-Butylpyrocatechol	98-29-3	√	√	
377	丁苯羟酸	Bufexamac		√		
378	硼酸	Boric acid	10043-35-3	√	√	
379	托西溴苄铵	Bretylium tosilate	61-75-6	√	√	
380	（*R*）-5-溴-3-（1-甲基-2-吡咯烷基甲基）-1*H*-吲哚	(*R*)-5-Bromo-3-(1-methyl-2-pyrrolidinylmethyl)-1*H*-indole	143322-57-0	√	√	
381	溴代甲烷	Bromomethane(methyl bromide)	74-83-9	√	√	
382	溴乙烯	Bromoethylene(vinyl bromide)	593-60-2	√	√	
383	溴乙烷	Bromoethane(ethyl bromide)	74-96-4	√	√	
384	1-溴-3,4,5-三氟苯	1-Bromo-3,4,5-trifluorobenzene	138526-69-9	√	√	
385	1-溴丙烷（正丙基溴化物）	1-Bromopropane(*n*-Propyl bromide)	106-94-5	√	√	
386	2-溴丙烷	2-Bromopropane	75-26-3	√	√	

表 3-4（续）

序号	中文名称	英文名称	CAS 号	韩国	中国	备注
387	溴苯腈庚酸酯	Bromoxynil heptanoate	1689-84-5，56634-95-8	√	√	
388	溴（单质）	Bromine, elemental	7726-95-6	√	√	
389	溴米索伐	Bromisoval	496-67-3	√	√	
390	番木鳖碱	Brucine	357-57-3	乙醇的变性剂除外	指番木鳖碱及其盐类	
391	乐杀螨	Binapacryl	485-31-4	√	√	
392	偏氯乙烯（1,2- 二氯乙烯）	Vinylidene chloride(1,2-dichloroethylene)	75-35-4	√	√	
393	9- 乙烯基咔唑	9-Vinylcarbazole	1484-13-5	√	√	
394	氯乙烯单体	Vinyl chloride monomer	75-01-4	√	√	
395	1- 乙烯基 -2- 吡咯烷酮	1-Vinyl-2-pyrrolidone	88-12-0	√	√	
396	比马前列素其盐类及衍生物	Bimatoprost, its salts and derivatives	155206-00-1	√		
397	砷及其化合物	Arsenic and its compounds	7440-38-2	√	√	
398	苯甲酸（1,1- 双（二甲氨基甲基））丙酯（戊胺卡因，阿立平）及其盐类	1,1-*bis*(Dimethylaminomethyl)propyl benzoate(amydricaine, alypine)and its salts	963-07-5	√	√	
399	4,4′- 双（二甲基氨基）苯甲酮	4,4′-*bis*(Dimethylamino) benzophenone(michler′s ketone)	90-94-8	√	√	
400	吩噻嗪 -5- 鎓，3,7- 双（二甲氨）及其盐类	Phenothiazin-5-ium, 3,7-*bis* (dimethylamino)and its salts	61-73-4	√	√	

表 3-4（续）

序号	中文名称	英文名称	CAS 号	韩国	中国	备注
401	吩噁嗪 -5- 鎓，3,7- 双（二乙氨基）- 及其盐类	Phenoxazin-5-ium, 3,7-*bis*(diethylamino)-and its salts	47367-75-9，33203-82-6	√	√	
402	*N*-（4-（（4-（二乙胺）苯基）苯亚甲基）-2,5- 环已二烯 -1- 亚基）-*N*- 乙基 - 乙铵及其盐类	Ethanaminium, *N*-(4-((4-(diethylamino)phenyl)phenylmethylene)-2,5-cyclohexadien-1-ylidene)-*N*-ethyl- and its salts	633-03-4	√	√	
403	双（2- 甲氧基乙）醚（二甲氧基二甘醇）	*Bis*(2-methyoxyethyl)ether(dimethoxydiglycol)	111-96-6	√	√	
404	邻苯二甲酸双（2- 甲氧乙基）酯	*bis*(2-Methoxyethyl)phthalate	117-82-8	√	√	
405	1,2- 双（2- 甲氧乙氧基）乙烷，三乙二醇二甲醚	1,2-*bis*(2-Methoxyethoxy)ethane, triethylene glycol dimethyl ether(TEGDME)	112-49-2	√	√	
406	1,3- 双（乙烯基磺酰基乙酰氨基）- 丙烷	1,3-*bis*(Vinylsulfonylacetamido)-propane	93629-90-4	√	√	
407	双（环戊二烯基）- 双（2,6- 二氟 -3-（吡咯 -1- 基）- 苯基）钛	*bis*(Cyclopentadienyl)-*bis*(2,6-difluoro-3-(pyrrol-1-yl)-phenyl)titanium	125051-32-3	√	√	
408	4-（（双 -（4- 氟苯基）甲基甲硅烷基）甲基）-4H-1,2,4- 三唑和 1-（（双 -（4- 氟苯基）甲基甲硅烷基）甲基）-1H-1,2,4- 三唑的混合物	A mixture of: 4-((*bis*-(4-fluorophenyl)methylsilyl) methyl)-4H-1,2,4-triazole and 1-((*bis*-(4-fluorophenyl)methylsilyl)methyl)-1H-1,2,4-triazole	403-250-2	√	√	
409	氧代双（氯甲烷），双（氯甲基）醚	Oxybis [chloromethane], *bis*(chloromethyl) ether	542-88-1	√	√	

表 3-4（续）

序号	中文名称	英文名称	CAS 号	韩国	中国	备注
410	*N*, *N*- 双（2- 氯乙基）甲胺 -*N*- 氧化物及其盐类	*N*, *N*-*bis*(2-chloroethyl)methylamine *N*-oxide and its salts	126-85-2	√	√	
411	双 -（2- 氯乙基）醚	*bis*(2-Chloroethyl)ether	111-44-4	√	√	
412	双酚 A	Bisphenol A(4, 4′-isopropylidenediphenol)	80-05-7	√	√	
413	HC 蓝 1 及其盐类	HC blue 1 and its salts	84041-77-0	√		
414	4,6- 双（2- 羟乙氧基）- 间苯二胺及其盐类	4,6-*bis*(2-Hydroxyethoxy)-*m*-phenylenediamine and its salts	94082-85-6	√	√	
415	2,6- 双（2- 羟乙氧基）-3,5- 吡啶二胺及其盐酸盐	2,6-*bis*(2-Hydroxyethoxy)-3,5-pyridinediamine and its HCl salt	117907-42-3	√	√	
416	比他维林	Bietamiverine	479-81-2	√	√	
417	硫氯酚	Bithionol	97-18-7	√	√	
418	维生素 L1, L2	Vitamin L1, L2		√		
419	硫酸（(1,1′- 联苯）-4，4′- 二基）二铵	((1,1′-Biphenyl)-4,4′-diyl)diammonium sulfate	531-86-2	√	√	
420	联苯 -2- 基胺	Biphenyl-2-ylamine	90-41-5	√	√	
421	4- 氨基联苯及其盐	Biphenyl-4-ylamine(4-aminobiphenyl)and its salts	92-67-1	√	√	
422	4,4′- 二邻甲苯胺	4,4′-Bi-*o*-toluidine(ortho-tolidine)	119-93-7	√	√	
423	4,4′- 二邻甲苯胺二盐酸盐	4,4′-Bi-*o*-toluidine dihydrochloride	612-82-8	√	√	
424	4,4′- 二邻甲苯胺硫酸盐	4,4′-Bi-*o*-toluidine sulfate	74753-18-7	√	√	
425	烯菌酮	Vinclozolin	50471-44-8	√	√	

表 3-4（续）

序号	中文名称	英文名称	CAS 号	韩国	中国	备注
426	仙客来醇	Cyclamen alcohol	4756-19-8	√	√	
427	*N*- 环戊基间氨基苯酚	*N*-Cyclopentyl-*m*-Aminophenol	104903-49-3	√	√	
428	放线菌酮	Cycloheximide	66-81-9	√	√	
429	拌种胺	Furmecyclox	60568-05-0	√	√	
430	反式 -4- 环己基 -L- 脯氨酸 - 盐酸盐	*Trans*-4-cyclohexyl-L-proline monohydro-chloride	90657-55-9	√	√	
431	黄樟素（黄樟脑）	Safrole	94-59-7	√	√	加入化妆品中的天然香料中含有且不超过如下浓度时除外：化妆品成品中 100mg/kg
432	*α*- 山道年	*α*-Santonin	481-06-1	√	√	
433	石棉	Asbestos		√	√	
434	石油	Petroleum	8002-05-9	√	√	
435	石油精炼过程中获得的副产品（除蒸馏物、燃气油类、石脑油、润滑油、石蜡、碳化氢类、烷类、白色石炭油外的无油、燃料油、残留物），除非清楚全部精炼过程并且能够证明所获得的物质不是致癌物	By-products obtained during petroleum refining (petroleum, fuel oil, residual except for distillates, gass oils, naphta, lubricating greases, slack wax, hydrocarbons, alkanes, white petrolatum), unless the entire refining process is clear and the substances obtained are not carcinogenic		√	√	
436	丁二烯含量大于 0.1%（*w/w*）的原油蒸馏及催化裂解的汽油（石油）	Gases(petroleum), crude distn. and catalytic cracking, if they contain ＞0.1%(*w/w*) butadiene	68989-88-8	√	√	

表 3-4（续）

序号	中文名称	英文名称	CAS 号	韩国	中国	备注
437	二甲基亚砜提取物含量大于3%（*w/w*）的重加氢裂解的（石油）馏分	Distillates(petroleum), heavy hydrocracked , if they contain ＞3%(*w/w*)DMSO extract	64741-76-0	√	√	
438	苯并［a］芘的含量大于0.005%（*w/w*）的石油、煤和木焦油衍生物	Petroleum derivatives, coal tar-petroleum and wood tar, if it contains ＞0.005%(*w/w*) benzo[a]pyrene		√	√	
439	喷气飞机燃料，来自加氢裂解氢化煤的溶剂提取液	Fuels, jet aircraft, coal solvent extn., hydrocracked hydrogenated	94114-58-6	√	√	
440	舒噻美	Sultiame	61-56-3	√	√	
441	草克死	Sulfallate	95-06-7	√	√	
442	3,3′-（磺酰基双（2-硝基-4,1-亚苯基）亚氨基）双（6-（苯胺基））苯磺酸及其盐类	3, 3′-(Sulfonylbis(2-nitro-4, 1-phenylene) imino)bis(6-(phenylamino))benzenesulfonic acid and its salts	6373-79-1	√	√	
443	磺胺类药物（磺胺和其氨基的一个或多个氢原子被取代的衍生物）及其盐类	Sulphonamides(sulphanilamide and its derivatives obtained by substitution of one or more H-atoms of the $-NH_2$ groups)and their salts		√	√（抗感染类药物）	
444	磺吡酮	Sulfinpyrazone	57-96-5	√	√	
445	过氧化值超过 10 mmol/L 的北非雪松树皮油和提取物	Cedrus Atlantica oil and extract(peroxide value ＞10 mmol/L)	92201-55-3	√		
446	吐根酚碱及其盐	Cephaeline and its salts	483-17-0	√	√	
447	番泻甙	Sennoside		√		

表 3-4（续）

序号	中文名称	英文名称	CAS 号	韩国	中国	备注
448	硒及其化合物	Selenium and its compounds	7782-49-2	√	√	表 3-8 中在限定条件下使用的二硫化硒除外
449	己环酸钠	Sodium hexacyclonate	7009-49-6	√	√	
450	龙葵及其草药制剂	*Solanum nigrum* L. and its herbal preparations	84929-77-1	√	√	
451	种子藜芦（沙巴草）种子和草药制剂	*Schoenocaulon officinale* Lind. and its herbal preparations	84604-18-2	√	√	
452	溶剂红 1	Solvent Red 1	1229-55-6	√	√	
453	溶剂蓝 35	Solvent Blue 35	17354-14-2	√	√	
454	着色剂 CI 12140	Colouring agent CI 12140	3118-97-6	√	√	
455	汞及其化合物	Mercury and its compounds	7439-97-6	√	√	中国：表 3-7 中的汞化合物除外
456	羊角拗类及其草药制剂	Strophanthus species and its herbal preparations		√	√	
457	羊角拗质素及其糖苷配基以及相应的衍生物	Strophantines, their aglucones and their respective derivatives	11005-63-3	√	√	
458	酸锶化合物	Acid compound of strontium		√	仅指乳酸锶、硝酸锶、多羧酸锶禁用	
459	马钱科马钱属植物及其草药制剂	Strychnos L, (Loganiaceae) and its herbal preparations		√	√	
460	士的宁及其盐类	Strychnine and its salts	57-24-9	√	√	
461	司巴丁及其盐类	Sparteine and its salts	90-39-1	√	√	

表 3-4（续）

序号	中文名称	英文名称	CAS 号	韩国	中国	备注
462	螺内酯	Spironolactone	52-01-7	√	√	
463	西玛津	Simazine	122-34-9	√	√	
464	碘苯腈及其盐类	Ioxynil and its salts	1689-83-4	√	√	
465	溶剂红 24	Solvent Red 24	85-83-6	√	√	
466	环拉氨酯	Cyclarbamate	5779-54-4	√	√	
467	环美酚及其盐类	Cyclomenol and its salts	5591-47-9	√	√	
468	环磷酰胺及其盐类	Cyclophosphamide and its salts	50-18-0	√	√	
469	非尼拉敏	Phenetamine		√		
470	辛可卡因及其盐类	Cinchocaine and its salts	85-79-0	√	√	
471	辛可芬及其盐类，衍生物以及衍生物的盐类	Cinchophen, its salts, derivatives and salts of these derivatives	132-60-5	√	√	
472	丁二腈（琥珀腈）	Succinonitrile	110-61-2	√	√	
473	印防己（果实）	*Anamirta cocculus* L(fruit)		√	√	
474	邻茴香胺（甲氧基苯胺，氨基苯甲醚）	*o*-Anisidine	90-04-0	√	√	
475	苯胺及其盐类以及卤化、磺化的衍生物类	Aniline, its salts and its halogenated and sulfonated derivatives	62-53-3	√	√	
476	阿达帕林	Adapalene	106685-40-9	√		
477	毛茛科侧金盏花属植物及其草药制剂	*Adonis* L, (Ranunculaceae). and its herbal preparations	84649-73-0	√	√	
478	槟榔及其草药制剂	*Areca catechu* L. and its herbal preparations		√	√	

表 3-4（续）

序号	中文名称	英文名称	CAS 号	韩国	中国	备注
479	槟榔碱	Arecoline	63-75-2	√	√	
480	马兜铃科马兜铃属植物及其制品	Aristolochia spp. and their preparations		√	√	
481	马兜铃酸及其酯（盐）	Aristolochic acid and its salts	475-80-9，313-67-7，15918-62-4	√	√	
482	1-氨基-2-硝基-4-（2′,3′-二羟丙基）氨基-5-氯苯和1，4-双-（2′,3′-二羟丙基）氨基-2-硝基-5-氯苯及其盐类（如：HC 红 10 和 HC 红 11）	1-Amino-2-nitro-4-(2′,3′-dihydroxypropyl) amino-5-chlorobenzene and 1,4-*bis*-(2′,3′-dihydroxypropyl)amino-2-nitro-5-chlorobenzene)and its salts(e.g. HC Red 10, HC Red 11)		√		韩国：作为染发剂的规定见表 3-7
483	2-氨基-3-硝基酚及其盐类	2-Amino-3-nitrophenol and its salts	603-85-0	√	√	
484	4-氨基-2-硝基酚	4-Amino-2-nitrophenol	119-34-6	√	√	
485	4-氨基-3-硝基苯酚及其盐类	4-Amino-3-nitrophenol and its salts	610-81-1	√		作为染发剂的规定见表 3-7
486	HC 红 13 及其盐酸盐	HC Red 13 and its hydrochloride	29705-39-3，94158-13-1	√		韩国：作为染发剂的规定见表 3-7
487	（8-（（4-氨基-2-硝基苯基）偶氮）-7-羟基-2-萘基）三甲铵及其盐类（在碱性棕 17 中作为杂质存在的碱性红 118 除外）	(8-((4-Amino-2-nitrophenyl)azo)-7-hydroxy-2-naphthyl)trimethylammonium and its salts, except Basic Red 118 as impurity in Basic Brown 17	71134-97-9	√	√	

表 3-4（续）

序号	中文名称	英文名称	CAS 号	韩国	中国	备注
488	1-氨基-4-((4-((二甲氨基)甲基)苯基)氨基)蒽醌及其盐类	1-Amino-4-((4-((dimethylamino)methyl) phenyl) amino) anthraquinone and its salts	67905-56-0, 12217-43-5	√	√	
489	溶剂黄 44 及其盐类	Solvent Yellow 44 and its salts	2478-20-8	√	√	
490	5-氨基-2,6-二甲氧基-3-羟基吡啶及其盐类	5-Amino-2, 6-dimethoxy-3-hydroxypyridine and its salts	104333-03-1	√	√	
491	3-氨基-2,4-二氯苯酚及其盐类	3-Amino-2, 4-dichlorophenol and its salts	61693-42-3, 61693-43-4	√		韩国：作为染发剂的规定见表 3-7
492	2-氨基甲基对氨基苯酚及其盐酸盐	2-Aminomethyl-*p*-aminophenol and its HCl salt	79352-72-0	√	√	
493	2-((4-氨基-2-甲基-5-硝基苯基)氨基)乙醇及其盐类（如：HC 紫 1）	2-((4-Amino-2-methyl-5-nitrophenyl) amino)ethanol and its salts(e.g. HC Violet 1)		√		韩国：作为染发剂的规定见表 3-7
494	2-((3-氨基-4-甲氧苯基)氨基)乙醇及其硫酸盐（如：2-氨基-4-羟乙氨基茴香醚）	2-((3-Amino-4-methoxyphenyl) amino) ethanol sulfate(e.g. 2-amino-4-hydroxyethylaminoanisole)		√		作为染发剂的规定见表 3-7
495	对氨基苯磺酸（磺胺酸）及其盐类	4-Aminobenzenesulfonic acid(sulfanilic acid)and its salts	121-57-3, 515-74-2	√	√	
496	带游离氨基的 4-氨基苯甲酸及其酯类	4-Aminobenzoic acid and its esters, with the free amino group	150-13-0	√	√	
497	2-氨基-1,2-双（4-甲氧苯基）乙醇及其盐类	2-Amino-1,2-*bis*(4-methoxyphenyl)ethanol and its salts	530-34-7	√	√	
498	4-氨基水杨酸及其盐类	4-Aminosalicylic acid and its salts	65-49-6	√	√	

表 3-4（续）

序号	中文名称	英文名称	CAS 号	韩国	中国	备注
499	4-氨基偶氮苯	4-Aminoazobenzene	60-09-3	√	√	
500	1-（2-氨乙基）氨基-4-（2-羟乙基）氧基-2-硝基苯及其盐类（如：HC 橙 2）	1-(2-Aminoethyl)amino-4-(2-hydroxyethyl)oxy-2-nitrobenzene and its salts(e.g. HC Orange 2)		√		韩国：作为染发剂的规定见表 3-7
501	氨基己酸及其盐类	Aminocaproic acid and its salts	60-32-2	√	√	
502	4-氨基间甲酚及其盐类	4-Amino-*m*-cresol and its salts	2835-99-6	√		作为染发剂的规定见表 3-7
503	6-氨基邻甲酚及其盐类	6-Amino-*o*-cresol and its salts	17672-22-9	√	√	
504	2-氨基-6-氯-4-硝基苯酚及其盐类	2-Amino-6-chloro-4-nitrophenol and its salts	6358-09-4	√		作为染发剂的规定见表 3-7
505	1-（（3-氨丙基）氨基）-4-（甲氨基）蒽醌及其盐类	1-((3-Aminopropyl)amino)-4-(methylamino) anthraquinone and its salts	22366-99-0	√	√	
506	3-氟-4-氨基酚	4-Amino-3-fluorophenol	399-95-1	√	√	
507	5-（（4-（（7-氨基-1-羟基-3-硫代-2-萘基）偶氮）-2,5-二乙氧基苯基）偶氮）-2-（（3-膦酰基苯基）偶氮）苯甲酸和 5-（（4-（（7-氨基-1-羟基-3-硫代-2-萘基）偶氮）-2,5-二乙氧基苯基）偶氮）-3-（（3-膦酰基苯基）偶氮）苯甲酸的混合物	A mixture of: 5-((4-((7-amino-1-hydroxy-3-sulfo-2-naphthyl)azo)-2,5-diethoxyphenyl) azo)-2-((3-phosphonophenyl) azo) benzoic acid and 5-((4-((7-amino-1-hydroxy-3-sulfo-2-naphthyl)azo)-2,5-diethoxyphenyl) azo)-3-((3-phosphonophenyl)azo) benzoic acid	163879-69-4	√	√	

表 3-4（续）

序号	中文名称	英文名称	CAS 号	韩国	中国	备注
508	3（或 5）-（(4-（(7-氨基-1-羟基-3-磺基-2-萘基）偶氮）-1-萘基）偶氮）水杨酸及其盐类	3(or 5)-((4-((7-amino-1-hydroxy-3-sulphonato-2-naphthyl)azo)-1-naphthyl)azo) salicylic acid and its salts	3442-21-5，34977-63-4	禁用于染发产品	√	
509	大阿米芹及其草药制剂	*Ammi majus* L. and its galenical preparations	90320-46-0	√	√	
510	杀草强（氨三唑）	Amitrole	61-82-5	√	√	
511	阿米替林及其盐类	Amitriptyline and its salts	50-48-6	√	√	
512	亚硝酸戊酯类	Amyl nitrites	110-46-3	√	√	
513	帕地马酯	Padimate A	14779-78-3	√	√	
514	过氧化值超过 10 mmol/L 的香脂冷杉油及提取物	*Abies Balsamea* oil and extract(peroxide value ＞10 mmol/L)	85085-34-3	√		
515	过氧化值超过 10 mmol/L 的西伯利亚冷杉油及提取物	*Abies Sibirica* oil and extract(peroxide value ＞10 mmol/L)	91697-89-1	√		
516	过氧化值超过 10 mmol/L 的欧洲冷杉油及提取物	*Abies Alba* oil and extract(peroxide value ＞ 10 mmol/L)	90028-76-5	√		
517	过氧化值超过 10 mmol/L 的梳状冷杉油及提取物	*Abies Pectinata* oil and extract(peroxide value ＞10 mmol/L)	92128-34-2	√		
518	醋硝香豆素	Acenocoumarol	152-72-7	√	√	
519	乙酰胺	Acetamide	60-35-5	√	√	
520	乙腈	Acetonitrile	75-05-8	√	√	
521	苯乙酮，甲醛，环己胺，甲醇和乙酸的反应产物	Reaction product of acetophenone, formaldehyde, cyclohexylamine, methanol and acetic acid		√	√	

表 3-4（续）

序号	中文名称	英文名称	CAS 号	韩国	中国	备注
522	乙酰胆碱及其盐类	(2-Acetoxyethyl)trimethylammonium (acetylcholine)and its salts	51-84-3	√	√	
523	*N*-（2-（3-乙酰基-5-硝基噻吩-2-基偶氮）-5-二乙基氨基苯基）乙酰胺	*N*-(2-(3-Acetyl-5-nitrothiophen-2-ylazo)-5-diethylaminophenyl) acetamide		√	√	
524	3-((4-（乙酰氨基）苯基）偶氮）-4-羟基-7-((((5-羟基-6-（苯偶氮基）-7-硫代-2-萘基）氨基）羰基）氨基）-2-萘磺酸及其盐类	3-((4-(Acetylamino)phenyl)azo)-4-hydroxy-7-((((5-hydroxy-6-(phenylazo)-7-sulfo-2-naphthalenyl) amino) carbonyl) amino)-2-naphthalenesulfonic acid and its salts	3441-14-3	禁用于染发产品	√	
525	2,7-萘二磺酸，5-（乙酰胺）-4-羟基-3-((2-甲苯基）偶氮）-及其盐类	2,7-Naphthalenedisulfonic acid, 5-(acetylamino)-4-hydroxy-3-((2-methylphenyl)azo)- and its salts	6441-93-6	禁用于染发产品	√	
526	阿扎环醇及其盐类	Azacyclonol and its salts	115-46-8	√	√	
527	唑啶草酮	Azafenidin	68049-83-2	√	√	
528	偶氮苯	Azobenzene	103-33-3	√	√	
529	吖丙啶（1-氮杂环丙烷；环乙亚胺）	Aziridine	151-56-4	√	√	
530	毛茛科乌头属植物	*Aconitum* L, (Ranunculaceae)	84603-50-9	√	√	
531	乌头碱（欧乌头主要生物碱）及其盐类	Aconitine (principal alkaloid of *Aconitum napellus* L.) and its salts	302-27-2	√	√	
532	丙烯腈	Acrylonitrile	107-13-1	√	√	

表 3-4（续）

序号	中文名称	英文名称	CAS 号	韩国	中国	备注
533	丙烯酰胺	Acrylamide	79-06-1	√	√	韩国：来源于聚丙烯酰胺类，使用后不冲洗掉的身体用化妆品中 0.1 mg/kg，其他产品中 0.5 mg/kg 以下的除外
534	颠茄及其草药制剂	*Atropa belladonna* L. and its galenical preparations	8007-93-0	√	√	
535	阿托品及其盐类和衍生物	Atropine, its salts and derivatives	51-55-8	√	√	
536	阿扑吗啡及其盐类	Apomorphine((*R*)5,6,6a,7-tetrahydro-6-methyl-4H-dibenzo(de, g)-quinoline-10,11-diol)and its salts	58-00-4	√	√	
537	加拿大大麻（夹竹桃麻，大麻叶罗布麻）及其草药制剂	*Apocynum cannabinum* L and its galenical preparations	84603-51-0	√	√	
538	具有雄激素效应的物质	Substances with androgenic effect		√	√（激素类）	
539	蒽油	Anthracene oil	120-12-7	√	√	
540	甾族结构的抗雄激素物质	Anti-androgens of steroidal structure		√	√（激素类）	
541	锑及其化合物	Antimony and its compounds	7440-36-0	√	√	
542	艾氏剂	Aldrin	309-00-2	√	√	
543	甲草胺（草不绿）	Alachlor	15972-60-8	√	√	
544	阿洛拉胺及其盐类	Alloclamide	5486-77-1	√	√	
545	烯丙缩水甘油醚	Allyl glycidyl ether	106-92-3	√	√	

表 3-4（续）

序号	中文名称	英文名称	CAS 号	韩国	中国	备注
546	2-（4-烯丙基-2-甲氧苯基）-*N,N*-二乙基乙酰胺及其盐类	2-(4-Allyl-2-methoxyphenoxy)-*N*,*N*-diethylacetamide and its salts	305-13-5	√	√	
547	下列化合物的混合物：4-烯丙基-2,6-双（2,3-环氧丙基）苯酚，4-烯丙基-6-（3-（6-（3-（6-（3-（4-烯丙基-2,6-双（2,3-环氧丙基）-苯氧基）2-羟基丙基）-4-烯丙基-2-（2,3-环氧丙基）-苯氧基-2-羟基丙基）-4-烯丙基-2-（2,3-环氧丙基）-苯氧基-2-羟基丙基-2-（2,3-环氧丙基）苯酚，4-烯丙基-6-（3-（4-烯丙基-2,6-双（2,3-环氧丙基）-苯氧基-2-羟基丙基）-2-（2,3-环氧丙基）苯氧基）苯酚和4-烯丙基-6-（3-（6-（3-（4-烯丙基-2,6-双（2,3-环氧丙基）-苯氧基）-2-羟基丙基）-4-烯丙基-2-（2,3-环氧丙基）苯氧基）2-羟基丙基）-2-（2,3-环氧丙基）苯酚	A mixture of: 4-allyl-2,6-*bis*(2,3-epoxypropyl)phenol, 4-allyl-6-(3-(6-(3-(6-(3-(4-allyl-2,6-bis(2,3-epoxypropyl)-phenoxy)2-hydroxypropyl)-4-allyl-2-(2,3-epoxypropyl)phenoxy)-2-hydroxypropyl)-4-allyl-2-(2,3-epoxypropyl)-phenoxy-2-hydroxypropyl-2-(2,3-epoxypropyl)phenol, 4-allyl-6-(3-(4-allyl-2,6-bis(2,3-epoxypropyl)phenoxy)-2-hydroxypropyl)-2-(2,3-epoxypropyl)phenoxy)phenol and 4-allyl-6-(3-(6-(3-(4-allyl-2,6-bis(2,3-epoxypropyl)-phenoxy)-2-hydroxypropyl)-4-allyl-2-(2,3-epoxypropyl) phenoxy)2-hydroxypropyl)-2-(2, 3-epoxypropyl)phenol		√	√	
548	烯丙基芥子油（异硫氰酸烯丙酯）	Allyl isothiocyanate	57-06-7	√	√	
549	酯中的游离烯丙基醇含量超过0.1%的烯丙基酯类	Allyl esters(free allyl alcohol >0.1% in esters)		√		

表 3-4（续）

序号	中文名称	英文名称	CAS 号	韩国	中国	备注
550	烯丙基氯（3- 氯丙烯）	Allyl chloride(3-chloropropene)	107-05-1	√	√	
551	仲链烷胺及其盐类	Secondary alkylmines and their salts		√	√	
552	碱金属的硫化物类，碱土金属的硫化物类	Alkali sulfides and alkaline earth sulfides		√		中国：作为其他准用成分的规定见表 3-8
553	五氰亚硝酰基高铁酸碱金属盐类	Alkali pentacyanonitrosylferrate	14402-89-2，13755-38-9	√	√	
554	炔醇类以及它们的酯类、醚类、盐类	Alkyne alcohols, their esters, ethers and salts		√	√	
555	黄原酸盐	Xanthates		√	√	
556	仲链烷醇胺类及其盐类	Secondary alkanolamines and their salts		√	√	
557	2-（4-（2- 氨丙基氨基）-6-（4- 羟基 -3-（5- 甲基 -2- 甲氧基 -4- 氨磺酰苯基偶氮）-2- 磺化萘 -7- 基氨基）-1,3,5- 三嗪基氨基）-2- 氨基丙基甲酸盐	2-(4-(2-Ammoniopropylamino)-6-(4-hydroxy-3-(5-methyl-2-methoxy-4-sulfamoylphenylazo)-2-sulfonatonaphth-7-ylamino)-1,3,5-triazin-2-ylamino)-2-aminopropyl formate		√	√	
558	酸性橙 24	Acid Orange 24	1320-07-6	√	√	
559	酸性红 73	Acid Red 73	5413-75-2	√	√	
560	酸性黑 131 及其盐类	Acid Black 131 and its salts	12219-01-1	√	√	
561	骨化醇和胆骨化醇（维生素 D_2 和 D_3）	Ergocalciferol and cholecalciferol(vitamins D_2 and D_3)	50-14-6，67-97-0	√	√	
562	毛沸石	Erionite	12510-42-8	√	√	
563	依米丁及其盐类和衍生物	Emetine, its salts and derivatives	483-18-1	√	√	

表 3-4（续）

序号	中文名称	英文名称	CAS 号	韩国	中国	备注
564	雌激素类	Oestrogens		√	√（激素类）	
565	依色林（毒扁豆碱）及其盐类	Eserine or physostigmine and its salts	57-47-6	√	√	
566	HC 绿 1	HC Green 1	52136-25-1	√	√	
567	HC 红 8 及其盐类	HC Red 8 and its salts	13556-29-1，97404-14-3	√	√	
568	HC 紫 2	HC Violet 2		√		
569	HC 蓝 2	HC Blue 2		√		
570	HC 蓝 11	HC Blue 11		√		
571	HC 黄 10	HC Yellow 10		√		
572	HC 黄 11	HC Yellow 11	73388-54-2	√	√	
573	HC 橙 3	HC Orange 3	81612-54-6	√	√	
574	乙硫异烟胺	Ethionamide	536-33-4	√	√（抗感染类药物）	
575	乙二醇二甲醚	Ethylene glycol dimethyl ether	110-71-4	√	√	
576	2,2'-（1,2- 亚乙烯基）双（5-((4- 乙氧基苯基）偶氮）苯磺酸）及其盐类	2,2'-(1,2-Ethenediyl)*bis* (5-((4-ethoxyphenyl)azo) benzenesulfonic acid)and its salts	2870-32-8	√	√	
577	环氧乙烷	Ethylene oxide	75-21-8	√	√	
578	3- 乙基 -2- 甲基 -2-（3- 甲基丁基）-1,3- 氧氮杂环戊烷	3-Ethyl-2-methyl-2-(3-methylbutyl)-1,3-oxazolidine	143860-04-2	√	√	
579	1- 乙基 -1- 甲基吗啉溴化物	1-Ethyl-1-methylmorpholinium bromide	65756-41-4	√	√	

表 3-4（续）

序号	中文名称	英文名称	CAS 号	韩国	中国	备注
580	溴化 1-乙基-1-甲基吡咯烷鎓（盐）	1-Ethyl-1-methylpyrrolidinium bromide	69227-51-6	√	√	
581	双（4-羟基-2-氧代-1-苯并吡喃-3-基）乙酸乙酯及酸的盐类	Ethyl-*bis*(4-hydroxy-2-oxo-1-benzopyran-3-yl)acetate and salts of the acid	548-00-5	√	√	
582	4-乙氨基-3-硝基苯甲酸（*N*-乙基-3-硝基 PABA）及其盐类	4-Ethylamino-3-nitrobenzoic acid(*N*-Ethyl-3-Nitro PABA)and its salts	2788-74-1	禁用于染发产品	√	
583	丙烯酸乙酯	Ethyl acrylate	140-88-5	√	√	
584	3′-乙基-5′,6′,7′,8′-四氢-5′,5′,8′,8-四甲基-2′-乙酰萘或7-乙酰基-6-乙基-1,1,4,4-四甲基-1,2,3,4-四羟萘酚	3′-Ethyl-5′,6′,7′,8′-tetrahydro-5′,5′,8′,8′-tetramethyl-2′-acetonaphthone or 7-acetyl-6-ethyl-1,1,4,4-tetramethyl-1,2,3,4-tetrahydronaphtalen	88-29-9	√	√	
585	苯丁酰脲	Ethylphenacemide(pheneturide)	90-49-3	√	√	
586	苯并噻唑，2-((4-（乙基（2-羟乙基）氨基）苯基）偶氮）-6-甲氧基-3-甲基-及其盐类	Benzothiazolium, 2-((4-(ethyl(2-hydroxyethyl) amino) phenyl)azo)-6-methoxy-3-methyl-, and its salts	12270-13-2	√	√	
587	2-乙基己酸	2-Ethylhexanoic acid	149-57-5	√	√	
588	乙酸2-乙基己(((3,5-双（1,1-二甲基乙基）-4-羟苯基）-甲基）-硫代）酯	2-Ethylhexyl(((3, 5-*bis*(1, 1-dimethylethyl)-4-hydroxyphenyl)-methyl) thio) acetate	80387-97-9	√	√	

表 3-4（续）

序号	中文名称	英文名称	CAS 号	韩国	中国	备注
589	*O*, *O*′-（乙烯基甲基硅烯）二((4-甲基-2-酮)肟)	*O*, *O*′-(Ethenylmethylsilylene)di((4-methylpentan-2-one)oxime)		√	√	
590	依索庚嗪及其盐类	Ethoheptazine and its salts	77-15-6	√	√	
591	7-乙氧基-4-甲基香豆素	7-Ethoxy-4-methylcoumarin	87-05-8	√	√	
592	4′-乙氧基-2-苯并咪唑苯胺	4′-Ethoxy-2-benzimidazoleanilide	120187-29-3	√	√	
593	2-乙氧基乙醇（乙二醇单乙醚）	2-Ethoxyethanol(ethylene glycol monoether)		√		
594	2-乙氧基乙醇及其乙酸酯	2-Ethoxyethanol and its acetate (2-Ethoxyethyl acetate)	110-80-5, 111-15-9	√	√	
595	4-乙氧基苯酚	4-Ethoxyphenol	622-62-8	√	√	
596	4-乙氧基间苯二胺及其盐类（如：4-乙氧基间苯二胺硫酸盐）	4-Ethoxy-*m*-phenylenediamine and its salts (e.g. 4-ethoxy-*m*-phenylenediamine sulphate)	5862-77-1	√	√	
597	麻黄碱及其盐类	Ephedrine and its salts	299-42-3	√	√	
598	1,2-环氧丁烷	1,2-Epoxybutane	106-88-7	√	√	
599	（环氧乙基）苯	(Epoxyethyl)benzene	96-09-3	√	√	
600	1,2-环氧-3-苯氧基丙烷	1,2-Epoxy-3-phenoxypropane	122-60-1	√	√	
601	*R*-2,3-环氧-1-丙醇	*R*-2,3-Epoxy-1-propanol	57044-25-4	√	√	
602	2,3-环氧-1-丙醇	2,3-Epoxypropan-1-ol	556-52-5	√	√	
603	2,3-环氧丙基邻甲苯基醚	2,3-Epoxypropyl o-tolyl ether	2210-79-9	√	√	

表 3-4（续）

序号	中文名称	英文名称	CAS 号	韩国	中国	备注
604	肾上腺素	Epinephrine	51-43-4	√	√	中国：肾上腺素受体激动剂，包括但不限于麻黄碱及其盐类、肾上腺素、异丙肾上腺素、萘甲唑啉及其盐类、去甲肾上腺素及其盐类、奥托君及其盐类等
605	稻思达	Oxadiargyl	39807-15-3	√	√	
606	（乙二酰双亚氨乙烯）双((邻-氯苯基）二乙基铵）盐（如：安贝氯铵）	(Oxalylbis(iminoethylene)) *bis* ((o-chlorobenzyl) diethylammonium) salts (e.g.ambenonium chloride)	115-79-7	√	√	
607	奥沙那胺及其衍生物	Oxanamide and its derivatives	126-93-2	√	√	
608	羟芬利定及其盐类	Oxpheneridine and its salts	546-32-7	√	√	
609	4,4′-二氨基二苯醚（对氨基苯基醚）及其盐类	4, 4′-Oxydianiline(*p*-Aminophenyl ether) and its salts	101-80-4	√	√	
610	环氧乙烷甲醇，4-甲苯磺酸盐	Oxiranemethano 1,4-methylbenzene-sulfonate	70987-78-9	√	√	
611	氯氧化铋以外的铋化合物	Bismuth compounds except for bismuth oxychloride		√		
612	8-羟基喹啉及其硫酸盐	Hydroxy-8-quinoline and its sulphate	148-24-3，134-31-6	√	√	作为其他准用成分的规定见表 3-8
613	奥他莫辛及其盐类	Octamoxin and its salts	4684-87-1	√	√	

表 3-4（续）

序号	中文名称	英文名称	CAS 号	韩国	中国	备注
614	辛戊胺	Octamylamine and its salts	502-59-0	√	√	
615	奥托君及其盐类	Octodrine and its salts	543-82-8	√	√	
616	欧夹竹桃苷	Oleandrin	465-16-7	√	√	
617	华法林及其盐类	Warfarin and its salts	81-81-2	√	√	
618	碘代甲烷	Iodomethane	74-88-4	√	√	
619	碘	Iodine	7553-56-2	√	√	
620	育亨宾及其盐类	Yohimbine and its salts	146-48-5	√	√	
621	尿烷（氨基甲酸乙酯）	Urethane(Ethyl carbamate)	51-79-6	√	√	
622	3-咪唑-4-基丙烯酸（尿刊酸）及其乙酯	3-Imidazol-4-ylacrylic acid and its ethyl ester(urocanic acid)	104-98-3，27538-35-8	√	√	
623	（白）海葱	*Drimia maritima (L.)Stearn; Urginea scilla*(synonym).	84650-62-4	√	√	韩国还有草药制剂
624	地衣酸及其盐类（含铜盐）	(+)-Usnic acid	7562-61-0	√		
625	HC 蓝 5 及其盐类	HC Blue 5 and its salts	68478-64-8，158571-58-5	√	√	
626	（μ-（（7,7′-亚胺双（4-羟基-3-（（2-羟基-5-（N-甲基氨磺酰）苯基）偶氮）萘-2-磺基））（6-）））二铜酸盐（2-）及其盐类	(μ-((7,7′-Iminobis(4-hydroxy-3-((2-hydroxy-5-(*N*-methylsulphamoyl)phenyl)azo)naphthalene-2-sulphonato))(6-)))dicuprate(2-)and its salts	37279-54-2	禁用于染发产品	√	
627	4,4′-（4-亚氨基-2,5-亚环己二烯基亚甲基）双苯胺盐酸盐	4,4′-(4-Iminocyclohexa-2,5-dienylidenemethylene) dianiline hydrochloride	569-61-9	√	√	

表 3-4（续）

序号	中文名称	英文名称	CAS 号	韩国	中国	备注
628	咪唑啉 -2- 硫酮	Imidazolidine-2-thione	96-45-7	√	√	
629	过氧化值超过 10mmol/L 的 3-蒈烯	3-Carene(peroxide value ＞10 mmol/L)	13466-78-9	√		
630	异美汀及其盐类	Isometheptene and its salts	503-01-5	√	√	
631	亚硝酸异丁酯	Isobutyl nitrite	542-56-2	√	√	
632	4,4′- 异丁基亚乙基联苯酚	4, 4′-Isobutylethylidenediphenol	6807-17-6	√	√	
633	硝酸异山梨酯	Isosorbide dinitrate	87-33-2	√	√	
634	异卡波肼	Isocarboxazid	59-63-2	√	√	
635	异丙肾上腺素	Isoprenaline	7683-59-2	√	√	
636	稳定的橡胶基质（2- 甲基 -1,3- 丁二烯）	Isoprene (stabilized), 2-methyl-1,3-butadiene	78-79-5	√	√	
637	6- 异丙基 -2- 十氢萘酚	6-Isopropyl-2-decahydronaphthalenol	34131-99-2	√	√	
638	3-（4- 异丙苯基）-1,1- 二甲脲	Isoproturon	34123-59-6	√	√	
639	（2- 异丙基戊 -4- 烯酰基）脲	(2-Isopropylpent4-enoyl)urea	528-92-7	√	√	
640	异噁氟草	Isoxaflutole	141112-29-0	√	√	
641	碘苯腈辛酸酯	Ioxynil and Ioxynil octanoate	3861-47-0	√	√	
642	皮考布洛芬及其盐类和衍生物	Ibuprofen piconol and its salts and derivatives	112017-99-9	√		
643	吐根及其近缘种	*Carapichea ipecacuanha* (Brot.)L.Andersson; *Cephaelis ipecacuanha* (synonym) and related species	8012-96-2	√	√	
644	异丙二酮	Iprodione	36734-19-7	√	√	

表 3-4（续）

序号	中文名称	英文名称	CAS 号	韩国	中国	备注
645	人的细胞、组织或人源产品	Cells, tissues or products of human origin		√	√	韩国：符合相应人体细胞、组织培养液安全标准的除外
646	人胎盘来源的物质	Material from human placenta				
647	双丙氧亚胺醌（英丙醌）	Inproquone	436-40-8	√	√	
648	欧前胡内酯	Imperatorin	482-44-0	√	√	
649	二甲基二硫代氨基甲酸锌（福美锌）	Ziram	137-30-4	√	√	
650	二甲苯			√		韩国：在化妆品原料制造工艺中作为溶剂使用，或作为无法完全去除的残留溶剂，在《化妆品法实施细则》的附录 3（9）指甲用产品类 1），2），3），5）相应产品中含量 0.01% 以下，其他产品中含量 0.002% 以下时除外
651	氯苯唑胺	Zoxazolamine	61-80-3	√	√	
652	叉子圆柏及其草药制剂	*Juniperus sabina* L and its herbal preparations	90046-04-1	√	√	
653	锆及其酸的盐类	Zirconium and its compounds	7440-67-7	√	指锆及其化合物	中国：表 3-8 中的物质以及表 3-9 中的锆淀、盐和颜料除外

表 3-4（续）

序号	中文名称	英文名称	CAS 号	韩国	中国	备注
654	土荆芥（精油）	*Chenopodium ambrosioides* L(essential oil)	8006-99-3	√	√	
655	塞仑	Thiram	137- 26-8	√	√	
656	4,4′- 二氨基二苯硫醚及其盐类	4, 4′-Thiodianiline and its salts	139-65-1	√	√	
657	硫代乙酰胺	Thioacetamide	62-55-5	√	√	
658	硫脲及其衍生物	Thiourea and its derivatives	62-56-6	√	√	作为其他准用组分的规定见表 3-8
659	噻替派	Thiotepa	52-24-4	√	√	
660	噻吩甲酸甲酯	Thiophanate-methyl	23564-05-8	√	√	
661	镉及其化合物	Cadmium and its compounds	7440-43-9	√	√	
662	卡拉美芬及其盐类	Caramiphen and its salts	77-22-5	√	√	
663	多菌灵	Carbendazim	10605-21-7	√	√	
664	4,4′- 碳亚氨基双（*N*, *N*- 二甲基苯胺）及其盐类	4,4′-Carbonimidoylbis (*N*, *N*-dimethylaniline) and its salts	492-80-8	√	√	
665	卡立普多	Carisoprodol	78-44-4	√	√	
666	卡巴多司	Carbadox	6804-07-5	√	√	
667	甲萘威（甲氨甲酸萘酯）	Carbaryl	63-25-2	√	√	
668	*N*-（3- 氨甲酰基 -3,3- 二苯丙基）-*N*, *N*- 二异丙基甲基铵盐类，如：异丙碘铵	*N*-(3-Carbamoyl-3,3-diphenylpropyl)-*N*, *N*-diisopropylmethyl-ammonium, salts, e.g.isopropamideiodide	71-81-8	√	√	
669	咔唑的硝基衍生类	Nitroderivatives of carbazole		√	√	

表 3-4（续）

序号	中文名称	英文名称	CAS 号	韩国	中国	备注
670	2-萘磺酸，7,7′-（羰二亚氨基）双（4-羟基-3-（（2-硫代-4-（（4-磺酸苯基）偶氮）苯基）偶氮）-及其盐类	2-Naphthalenesulfonic acid, 7,7′-(carbonyldiimino)bis(4-hydroxy-3-((2-sulfo-4-((4-sulfophenyl)azo) phenyl) azo)-, and its salts	2610-10-8，25188-41-4	√	√	
671	二硫化碳	Carbon disulphide	75-15-0	√	√	
672	一氧化碳	Carbon monoxide	630-08-0	√	√	
673	炭黑	Carbon black		√		韩国：杂质中苯并［e］芘和二苯并［a,h］蒽含量 5 μg/kg 以下、总多环芳烃化合物类含量 0.5 mg/kg 以下时除外
674	四氯化碳	Carbon tetrachloride	56-23-5	√	√	
675	氨磺丁脲	Carbutamide	339-43-5	√	√	
676	卡溴脲	Carbromal	77-65-6	√	√	
677	过氧化氢酶	Catalase	9001-05-2	√	√	
678	邻苯二酚（儿茶酚）	Pyrocatechol(Catechol)	120-80-9	√	√	韩国：作为染发剂的规定见表 3-7
679	斑蝥	Cantharis vesicatoria(*Mylabris phalerata Pallas*.; *Mylabris cichorii linnaeus*)	92457-17-5	√	√	
680	敌菌丹	Captafol	2425-06-1	√	√	
681	卡普托胺	Captodiame	486-17-9	√	√	

表 3-4（续）

序号	中文名称	英文名称	CAS 号	韩国	中国	备注
682	酮康唑	Ketoconazole	65277-42-1	√	√（抗感染类药物）	
683	毒参及其草药制剂	*Conium maculatum* L and its herbal preparations	85116-75-2	√	√	
684	毒芹碱	Coniine	458-88-8	√	√	
685	二氯化钴	Cobalt dichloride	7646-79-9	√	指氯化钴	
686	苯磺酸钴	Cobalt benzenesulphonate	23384-69-2	√	√	
687	硫酸钴	Cobalt sulphate	10124-43-3	√	√	
688	库美香豆素	Coumetarol	4366-18-1	√	√	
689	铃兰毒甙	Convallatoxin	508-75-8	√	√	
690	胆碱的盐类及它们的酯类，包括氯化胆碱	Choline salts and their esters, including choline chloride		√	√	中国：其他相关原料需经安全风险评估方可确定
691	秋水仙碱及其盐类和衍生物	Colchicine, its salts and derivatives	64-86-8	√	√	
692	秋水仙碱苷及其衍生物	Colchicoside and its derivatives	477-29-2	√	√	
693	秋水仙及其草药制剂	*Colchicum autumnale* L. and its herbal preparations	84696-03-7	√	√	
694	粗制和精制煤焦油	Crude and refined coal tars	8007-45-2	√	√	
695	箭毒和箭毒碱	Curare and curarine	8063-06-7，22260-42-0	√	√	
696	合成箭毒类	Synthetic curarizants		√	√	
697	地中海柏木油及提取物	Cupressus sempervirens oil and extract	84696-07-1	√		

表 3-4（续）

序号	中文名称	英文名称	CAS 号	韩国	中国	备注
698	巴豆醛	Crotonaldehyde	4170-30-3	√	√	
699	巴豆（巴豆油）	*Croton* L. (Euphorbiaceae) (Croton oil)	8001-28-3	√	指大戟科巴豆属植物	
700	灭草隆 -TCA	Monuron-TCA	140-41-0	√	√	
701	铬、铬酸及其盐类，以 Cr^{6+} 计	Chromium, chromic acid and its salts (Cr^{6+})	7440-47-3	√	√	
702	苯并［a］菲	Chrysene	218-01-9	√	√	
703	黄嘌呤醇	Xanthinol	2530-97-4	√	√	
704	赛洛唑啉及其盐类	Xylometazoline and its salts	526-36-3	√	√	
705	麦角菌及其生物碱、草药制剂	*Claviceps purpurea* Tul. and its alkaloid, herbal preparations	84775-56-4	√	不包括生物碱	
706	1- 氯 -4- 硝基苯	1-Chloro-4-nitrobenzene	100-00-5	√	√	
707	HC 黄 12	HC Yellow 12	59320-13-7	√	√	
708	颜料黄 73 及其盐类	Pigment Yellow 73 and its salts	13515-40-7	√	√	
709	2- 氯 -5- 硝基 -*N*- 羟乙基对苯二胺及其盐类	2-Chloro-5-nitro-*N*-hydroxyethyl-*p*-phenylenediamine and its salts	50610-28-1	√	√	
710	开蓬（十氯酮）	Chlordecone	143-50-0	√	√	
711	分散棕 1 及其盐类	Disperse Brown 1 and its salts	23355-64-8	√	√	
712	5- 氯 -1,3- 二氢 -2*H*- 吲哚 -2- 酮	5-Chloro-1,3-dihydro-2*H*-indol-2-one	17630-75-0	√	√	
713	HC 红 9 及其盐类	HC Red 9 and its salts	56330-88-2	√	√	
714	氯甲基甲基醚	Chloromethyl methyl ether	107-30-2	√	√	

表 3-4（续）

序号	中文名称	英文名称	CAS 号	韩国	中国	备注
715	杀鼠嘧啶	Crimidine	535-89-7	√	√	
716	氯代甲烷	Chloromethane	74-87-3	√	√	
717	对氯三氯甲基苯	*p*-Chlorobenzotrichloride	5216-25-1	√	√	
718	*N*-5- 氯苯噁唑 -2- 基乙酰胺	*N*-(5-Chlorobenzoxazol-2-yl)acetamide	35783-57-4	√	√	
719	4- 氯 -2- 氨基苯酚	4-Chloro-2-aminophenol	95-85-2	√	√	
720	氯乙酰胺	Chloroacetamide	79-07-2	√	√	
721	氯乙醛	Chloroacetaldehyde	107-20-0	√	√	
722	6-（2- 氯乙基）-6-（2- 甲氧乙氧基）-2,5,7,10- 四氧杂 -6- 硅杂十一烷	6-(2-Chloroethyl)-6-(2-methoxyethoxy)-2,5,7,10-tetraoxa-6-silaundecane	37894-46-5	√	√	
723	2- 氯 -6- 乙氨基 -4- 硝基苯酚及其盐类	2-Chloro-6-ethylamino-4-nitrophenol and its salts		√		韩国：作为染发剂的规定见表 3-7
724	氯乙烷	Chloroethane	75-00-3	√	√	
725	1- 氯 -2,3- 环氧丙烷	1-Chloro-2,3-epoxypropane	106-89-8	√	√	
726	*R*-1- 氯 -2,3- 环氧丙烷	*R*-1-Chloro-2,3-epoxypropane	51594-55-9	√	√	
727	百菌清	Chlorothalonil	1897-45-6	√	√	
728	绿麦隆	Chlorotoluron	15545-48-9	√	√	
729	α- 氯甲苯	α-Chlorotoluene	100-44-7	√	√	
730	*N'*-（4- 氯 - 邻甲苯基）*N*, *N*- 二甲基甲脒 - 氢氯化物	*N'*-(4-chloro-o-tolyl)-*N*, *N*-dimethylformamidine monohydrochloride	19750-95-9	√	√	

表 3-4（续）

序号	中文名称	英文名称	CAS 号	韩国	中国	备注
731	1-（4-氯苯基）-4,4-二甲基-3-（1,2,4-三唑-1-基甲基）戊-3-醇	1-(4-Chlorophenyl)-4,4-dimethyl-3-(1,2,4-triazol-1-ylmethyl)pentan-3-ol	107534-96-3	√	√	
732	（3-氯苯基）-（4-甲氧基-3-硝基苯基）-2-甲基环乙酮	(3-Chlorophenyl)-(4-methoxy-3-nitrophenyl)methanone	66938-41-8	√	√	
733	氟环唑	Epoxiconazole	133855-98-8	√	√	
734	氯鼠酮	chlorophacinone	3691-35-8	√	√	
735	氯仿	Chloroform	67-66-3	√	√	
736	稳定的氯丁二烯（2-氯-1,3-丁二烯）	Chloroprene(stabilized), (2-chlorobuta-1,3-diene)	126-99-8	√	√	
737	氯氟碳推进剂，完全卤化后的氯氟烷烃	Chlorofluorocarbon propellants, fully halogenated chlorofluoroalkanes		√		
738	*N*-羟甲基氯乙酰胺	2-Chloro-*N*-(hydroxymethyl) acetamide	2832-19-1	√		
739	HC 黄 8 及其盐类	HC Yellow 8 and its salts	66612-11-1	√	√	
740	纯氯丹	Chlordane, pure	57-74-9	√	√	
741	氯苯脒	Chlordimeform	6164-98-3	√	√	
742	氯美扎酮	Chlormezanone	80-77-3	√	√	
743	氮芥及其盐类	Chlormethine and its salts	51-75-2	√	√	
744	氯唑沙宗	Chlorzoxazone	95-25-0	√	√	
745	氯噻酮	Chlortalidone	77-36-1	√	√	

表 3-4（续）

序号	中文名称	英文名称	CAS 号	韩国	中国	备注
746	氯普噻吨及其盐类	Chlorprothixene and its salts	113-59-7	√	√	
747	氯磺丙脲	Chlorpropamide	94-20-2	√	√	
748	氯	Chlorine	7782-50-5	√	√	
749	乙菌利	Chlozolinate	84332-86-5	√	√	
750	滴滴涕	DDT	50-29-3	√	√	
751	氯非那胺	Clofenamide	671-95-4	√	√	
752	灭螨猛	Chinomethionate	2439-01-2	√	√	
753	二甲苯胺类及它们的同分异构体，盐类以及卤化的和磺化的衍生物	Xylidines, their isomers, salts and halogenated and sulphonated derivatives	1300-73-8	√	√	
754	他克莫司及其盐类和衍生物	Tacrolimus and its salts and derivatives		√		
755	铊及其化合物	Thallium and its compounds	7440-28-0	√	√	
756	沙立度胺及其盐类	Thalidomide and its salts	50-35-1	√	√	
757	韩国药典（食品医药品安全厅告示）“滑石”项中不适合石棉标准的滑石	Talc not suitable for asbestos standard in the item “talc” of the Pharmacopoeia of the Republic of Korea (Notice of Ministry of Food and Drug Safety)	14807-96-6	√		中国：作为其他准用组分的规定见表 3-8
758	过氧化值超过 10 mmol/L 的萜烯及萜类化合物（苧烯类除外）	Terpenes and terpenoids(peroxide value ＞10 mmol/L) (except limonene)		√		
759	过氧化值超过 10 mmol/L 的芥子碱萜类及萜类化合物	Sinpine terpenes and terpenoids(peroxide value ＞10 mmol/L)		√		

表 3-4（续）

序号	中文名称	英文名称	CAS 号	韩国	中国	备注
760	过氧化值超过 10 mmol/L 的萜烯醇乙酸酯	Terpene alcohols acetates(peroxide value ＞10 mmol/L)		√		
761	过氧化值超过 10 mmol/L 的萜烯烃类化合物	Terpene hydrocarbons(peroxide value ＞10 mmol/L)		√		
762	过氧化值超过 10 mmol/L 的 α- 松油烯	Alpha-terpinene(peroxide value ＞10 mmol/L)		√		
763	过氧化值超过 10 mmol/L 的 γ- 松油烯	Gamma-terpinene(peroxide value ＞10 mmol/L)		√		
764	过氧化值超过 10 mmol/L 的异松油烯	Terpinolene(peroxide value ＞10 mmol/L)		√		
765	黄花夹竹桃苷提取物	*Thevetia neriifolia* juss. Glycoside extract	90147-54-9	√	√	
766	*N*, *N*, *N'*, *N'*- 四缩水甘油基 -4,4'- 二氨基 -3,3'- 二乙基二苯基甲烷	*N*, *N*, *N'*, *N'*-tetraglycidyl-4,4'-diamino-3,3'-diethyldiphenylmethane	130728-76-6	√	√	
767	*N*, *N*, *N'*, *N'*- 四甲基 -4,4'- 二苯氨基甲烷	*N*, *N*, *N'*, *N'*-Tetramethyl-4,4'-methylenedianiline	101-61-1	√	√	
768	丁苯那嗪及其盐类	Tetrabenazine and its salts	58-46-8	√	√	
769	四溴 *N*- 水杨酰苯胺	Tetrabromosalicylanilides		√	√	
770	3,3'-（(1,1'- 联苯）-4,4'- 二基 - 双（偶氮））双（5- 氨基 -4- 羟基萘 -2,7- 二磺酸）四钠	Tetrasodium 3,3'-((1,1'-biphenyl)-4,4'-diyl *bis*(azo))*bis*(5-amino-4-hydroxynaphthalene-2,7-disulfonate)	2602-46-2	√	√	

表 3-4（续）

序号	中文名称	英文名称	CAS 号	韩国	中国	备注
771	分散蓝 1	Disperse Blue 1	2475-45-8	√	√	
772	焦磷酸四乙酯	Tetraethyl pyrophosphate	107-49-3	√	√	
773	四羰基镍	Tetracarbonylnickel	13463-39-3	√	√	
774	丁卡因及其盐类	Tetracaine and its salts	94-24-6	√	√	
775	氟醚唑	Tetraconazole	112281-77-3	√	√	
776	2,3,7,8- 四氯二苯并对二噁英	2, 3, 7, 8-Tetrachlorodibenzo-*p*-dioxin	1746-01-6	√	√	
777	四氯 *N*- 水杨酰苯胺	Tetrachlorosalicylanilides	7426-07-5	√	√	
778	5,6,12,13- 四氯蒽（2,1,9-d,e,f:6,5,10-d′,e′,f′）二异喹啉 -1,3,8,10（2H，9H）四酮	5,6,12,13-Tetrachloroanthra(2,1,9-def:6,5,10-d′e′f′)diisoquinoline-1,3,8,10(2H,9H)-tetrone	115662-06-1	√	√	
779	四氯乙烯	Tetrachloroethylene	127-18-4	√	√	
780	以下化合物的 UVCB 缩合产物：四倍 - 氯化羟基甲基膦，尿素和蒸馏的氢化 C_{16-18} 牛油烷基胺	UVCB condensation product of: tetrakis-hydroxymethylphosphonium chloride, urea and distilled hydrogenated C_{16-18} tallow alkylamine	166242-53-1	√	√	
781	四氢 -6- 硝基喹喔啉及其盐类	Tetrahydro-6-nitroquinoxaline and its salts	158006-54-3，41959-35-7，73855-45-5	√	√	
782	四氢咪唑啉及其盐类	Tetrahydrozoline and its salts	84-22-0	√	√	
783	四氢化噻喃 -3- 甲醛	Tetrahydrothiopyran-3-carboxaldehyde	61571-06-0	√	√	

表 3-4（续）

序号	中文名称	英文名称	CAS 号	韩国	中国	备注
784	丙酸（+/-）- 四羟糠基 -（*R*）- 2-（4-（6- 氯 -2- 喹 喔 啉 氧 基）苯氧基）酯	(+/-)-Tetrahydrofurfuryl-(*R*)-2-(4-(6-chloroquinoxalin-2-yloxy) phenyloxy) propionate	119738-06-6	√	√	
785	四乙溴铵	Tetrylammonium bromide	71-91-0	√	√	
786	替法唑啉及其盐类	Tefazoline and its salts	1082-56-0	√	√	
787	碲及其化合物	Tellurium and its compounds	13494-80-9	√	√	
788	土木香根油	*Inula helenium* L.(Alanroot oil)	97676-35-2	√	√	
789	毒杀芬	Toxaphene	8001-35-2	√	√	
790	甲苯 -3,4- 二胺	Toluene-3, 4-Diamine	496-72-0	√	还包括其盐类	
791	4- 甲苯胺盐酸盐	Toluidinium chloride	540-23-8	√	√	
792	甲苯胺类及其同分异构体，盐类以及卤化和磺化衍生物	Toluidines, their isomers, salts and halogenated and sulphonated derivatives	26915-12-8	√	√	
793	联邻甲苯胺基染料	*o*-Tolidine based dyes		√	√	
794	硫酸甲苯胺（1：1）	Toluidine sulphate (1 : 1)	540-25-0	√	√	
795	二异氰酸间甲苯亚基酯	*m*-Tolylidene diisocyanate	26471-62-5	√	√	
796	4- 邻甲苯基偶氮邻甲苯胺	4-*o*-Tolylazo-o-toluidine	97-56-3	√	√	
797	托硼生	Tolboxane	2430-46-8	√	√	
798	甲苯磺丁脲	Tolbutamide	64-77-7	√	√	
799	((甲苯氧基）甲基）环氧乙烷，羟甲苯基缩水甘油醚	((Tolyloxy)methyl) oxirane, cresyl glycidyl ether	26447-14-3	√	√	

表 3-4（续）

序号	中文名称	英文名称	CAS 号	韩国	中国	备注
800	（（间甲苯氧基）甲基）环氧乙烷	((*m*-Tolyloxy)methyl) oxirane	2186-25-6	√	√	
801	（（对甲苯氧基）甲基）环氧乙烷	((*p*-Tolyloxy)methyl) oxirane	2186-24-5	√	√	
802	过氧化值超过 10 mmol/L 的蒸气蒸馏松节油	Turpentine, steam distilled (*Pinus* spp.)(peroxide value ＞10 mmol/L)		√		
803	松节油	Turpentine gum(*Pinus* spp.)(peroxide value ＞10 mmol/L)		√		
804	过氧化值超过 10 mmol/L 的精制松节油	Turpentine oil and rectified oil(peroxide value ＞10 mmol/L)		√		
805	异庚胺及其同分异构体和盐类	Tuaminoheptane, its isomers and salts	123-82-0	√	√	
806	过氧化值超过 10 mmol/L 的香柏茎油	Thuja occidentalis stem oil(peroxide value ＞10 mmol/L)		√		
807	过氧化值超过 10 mmol/L 的香柏叶油及提取物	Thuja occidentalis leaf oil and extracts (peroxide value ＞10 mmol/L)		√		
808	反苯环丙胺及其盐类	Tranylcypromine and its salts	155-09-9	√	√	
809	曲他胺	Tretamine	51-18-3	√	√	
810	维甲酸（视黄酸）及其盐类	Tretinoin(retinoic acid)and its salts	302-79-4	√	√	
811	二硫化三镍	Trinickel disulphide	12035-72-2	√	√	
812	克啉菌	Tridemorph	24602-86-6	√	√	
813	3,5,5- 三甲基环 -2- 己烯酮	3,5,5-Trimethylcyclohex-2-enone	78-59-1	√	√	

表 3-4（续）

序号	中文名称	英文名称	CAS 号	韩国	中国	备注
814	2,4,5-三甲基苯胺，2,4,5-三甲基苯胺盐酸盐	2,4,5-Trimethylaniline, 2,4,5-trimethylaniline hydrochloride	137-17-7，21436-97-5	√	√	
815	3,6,10-三甲基-3,5,9-十一碳三烯-2-酮	3,6,10-Trimethyl-3,5,9-undecatrien-2-one	1117-41-5	√	√	
816	苯扎明及其盐类	Benzamine and its salts	500-34-5	√	√	
817	3,4,5-三甲氧苯乙基胺及其盐类	3,4,5-Trimethoxyphenethylamine and its salts	54-04-6	√	√	
818	磷酸三丁酯	Tributyl phosphate	126-73-8	√	√	
819	三溴沙仑	Tribromsalan	87-10-5	√	√（抗感染类药物）	
820	2,2,2-三溴乙醇	2, 2, 2-Tribromoethanol	75-80-9	√	√	
821	双（7-乙酰氨基-2-（4-硝基-2-氧苯偶氮基）-3-磺基-1-萘酚基）-1-铬酸三钠	Trisodium *bis*(7-acetamido-2-(4-nitro-2-oxidophenylazo)-3-sulfonato-1-naphtholato)chromate(1-)		√	√	
822	三钠（4′-（8-乙酰氨基-3,6-二磺基-2-萘偶氮基）-4″-（6-苯甲酰氨基-3-磺基-2-萘偶氮基）-联苯-1,3′,3″,1‴-四羟连-*O*, *O*′, *O*″, *O*‴）铜（Ⅱ）	Trisodium (4′-(8-acetylamino-3,6-disulfonato-2-naphthylazo)-4″-(6-benzoylamino-3-sulfonato-2-naphthylazo)-biphenyl-1,3′,3″,1‴-tetraolato-*O*, *O*′, *O*″, *O*‴) copper(Ⅱ)		√	√	

表 3-4（续）

序号	中文名称	英文名称	CAS 号	韩国	中国	备注
823	1,3,5-三（3-氨基甲基苯基）-1,3,5-（1H,3H,5H）-三嗪-2,4,6-三酮和3,5-双（3-氨基甲基苯基）-1-聚（3,5-双（3-氨基甲基苯基）-2,4,6-三氧代-1,3,5-（1H,3H,5H）-三嗪-1-基）-1,3,5-（1H,3H,5H）-三嗪-2,4,6-三酮混合低聚物的混合物	A mixture of: 1,3,5-tris(3-aminomethylphenyl)-1,3,5-(1H, 3H, 5H)-triazine-2,4,6-trione and a mixture of oligomers of 3,5-bis(3-aminomethylphenyl)-1-poly (3,5-*bis*(3-aminomethylphenyl)-2,4,6-trioxo-1,3,5-(1H, 3H, 5H)-triazin-1-yl)-1,3,5-(1H, 3H, 5H)-triazine-2,4,6-trione		√	√	
824	1,3,5-三-((2S和2R)-2,3-环氧丙基)-1,3,5-三嗪-2,4,6-（1H,3H,5H）-三酮	1,3,5-tris-((2S and 2R)-2,3-Epoxypropyl)-1,3,5-triazine-2,4,6-(1H, 3H, 5H)-trione	59653-74-6	√	√	
825	1,3,5-三（环氧乙基甲基）-1,3,5-三嗪-2,4,6（1H,3H,5H）三酮	1,3,5-*Tris*(oxiranylmethyl)-1,3,5-triazine-2,4,6(1H, 3H, 5H)-trione	2451-62-9	√	√	
826	磷酸三（2-氯乙）酯	*Tris* (2-chloroethyl) phosphate	115-96-8	√	√	
827	HC 黄 3 及其盐类	HC Yellow 3 and its salts	56932-45-7	√	√	
828	羟乙基六氢均三嗪	1,3,5-Tris(2-hydroxyethyl) hexahydro-1,3,5-triazine		√		
829	1,2,4-三唑	1,2,4-Triazole	288-88-0	√	√	
830	氨苯喋啶及其盐类	Triamterene and its salts	396-01-0	√	√	
831	三聚甲醛（1,3,5-三噁烷）	Trioxymethylene(1,3,5-trioxan)	110-88-3	√	√	
832	三氯硝基甲烷（氯化苦）	Trichloronitromethane(chloropicrine)	76-06-2	√	√	

表 3-4（续）

序号	中文名称	英文名称	CAS 号	韩国	中国	备注
833	灭菌丹	Folpet	133-07-3	√	√	
834	克霉丹	Captan	133-06-2	√	√	
835	2,3,4- 三氯 -1- 丁烯	2,3,4-Trichlorobut-1-ene	2431-50-7	√	√	
836	三氯乙酸	Trichloroacetic acid	76-03-9	√	√	
837	三氯乙烯	Trichloroethylene	79-01-6	√	√	
838	1,1,2- 三氯乙烷	1,1,2-Trichloroethane	79-00-5	√	√	
839	2,2,2- 三氯乙 -1,1- 二醇	2,2,2-Trichloroethane-1,1-diol	302-17-0	√	√	
840	α,α,α- 三氯甲苯	α,α,α-Trichlorotoluene	98-07-7	√	√	
841	2,4,6- 三氯苯酚	2,4,6-Trichlorophenol	88-06-2	√	√	
842	1,2,3- 三氯丙烷	1,2,3-Trichloropropane	96-18-4	√	√	
843	三氯氮芥及其盐类	Trichlormethine and its salts	817-09-4	√	√	
844	磷酸三甲酚酯	Tritolyl phosphate	1330-78-5	√	√	
845	曲帕拉醇	Triparanol	78-41-1	√	√	
846	三氟碘甲烷	Trifluoroiodomethane	2314-97-8	√	√	
847	三氟哌多	Trifluperidol	749-13-3	√	√	
848	1,3,5- 三羟基苯（间苯三酚）及其盐类	1,3,5-Trihydroxybenzene(phloroglucinol) and its salts	108-73-6	√	√	
849	短杆菌素	Thyrothricine		√	√	
850	甲状丙酸及其盐类	Thyropropic acid and its salts	51-26-3	√	√	

表 3-4（续）

序号	中文名称	英文名称	CAS 号	韩国	中国	备注
851	甲巯咪唑	Thiamazole	60-56-0	√	√（抗感染类药物）	
852	秋兰姆二硫化物类	Thiuram disulphides		√	√	
853	秋兰姆单硫化物类	Thiuram monosulfides	97-74-5	√	√	
854	帕拉米松	Paramethasone	53-33-8	√	√	
855	对乙氧卡因及其盐类	Parethoxycaine and its salts	94-23-5	√	√	
856	原料中仲链烷胺含量超过 5% 的脂肪酸双链烷酰胺及脂肪酸双链烷醇酰胺	Fatty acid dialkylamides and dialkanolamides (secondary alkyl ＞5% in raw material)		√		中国：作为其他准用组分的规定见表 3-8
857	非那二醇	Phenaglycodol	79-93-6	√	√	
858	酚二唑	Fenadiazole	1008-65-7	√	√	
859	异嘧菌醇	Fenarimol	60168-88-9	√	√	
860	苯乙酰脲	Phenacemide	63-98-9	√	√	
861	对氨基苯乙醚（4-乙氧基苯胺）	*p*-Phenetidine(4-ethoxyaniline)	156-43-4	√	√	
862	非诺唑酮	Fenozolone	15302-16-6	√	√	
863	吩噻嗪及其化合物	Phenothiazine and its compounds	92-84-2	√	√	
864	苯酚	Phenol	108-95-2	√	√	
865	酚酞	Phenolphthalein	77-09-8	√	√	
866	非尼拉朵	Fenyramidol	553-69-5	√	√	
867	邻苯二胺及其盐类	*o*-Phenylenediamine and its salts	95-54-5	√	√	

表 3-4（续）

序号	中文名称	英文名称	CAS 号	韩国	中国	备注
868	保泰松	Phenylbutazone	50-33-9	√	√	
869	4-苯基丁-3-烯-2-酮	4-Phenylbut-3-en-2-one	122-57-6	√	√	
870	水杨酸苯酯	Phenyl salicylate		√		
871	溶剂黄 14	Solvent Yellow 14	842-07-9	√	√	
872	间苯二胺，4-（苯偶氮基）-及其盐类	*m*-Phenylenediamine, 4-(phenylazo)-and its salts	495-54-5	√	√	
873	盐酸柠檬酸柯衣定盐	Chrysoidine citrate hydrochloride	5909-04-6	√	√	
874	一水化膦酸（*R*）-*a*-苯乙铵（-）-（1*R*，2*S*）-（1,2-环丙）酯	(*R*)-*a*-phenylethylammonium(-)-(1*R*, 2*S*)-(1,2-epoxypropyl)phosphonate monohydrate	25383-07-7	√	√	
875	苯茚二酮	2-Phenylindan-1,3-dione (phenindione)	83-12-5	√	√	
876	羟苯苯酯	Phenylparaben	17696-62-7	√	√	
877	反式-4-苯基-L-脯氨酸	Trans-4-phenyl-L-proline	96314-26-0	√	√	
878	秘鲁香树脂	Exudation of *Myroxylon pereirae*(Royle) Klotzsch	8007-00-9	√	√	韩国：作为提取物或蒸馏物，含量 0.4% 以下除外
879	匹莫林及其盐类	Pemoline and its salts	2152-34-3	√	√	
880	陪曲氯醛	Petrichloral	78-12-6	√	√	
881	芬美曲秦及其衍生物和盐类	Phenmetrazine, its derivatives and salts	134-49-6	√	√	
882	倍硫磷	Fenthion	55-38-9	√	√	

表 3-4（续）

序号	中文名称	英文名称	CAS 号	韩国	中国	备注
883	*N*, *N*- 五亚甲基双（三甲基铵）盐（如：五甲溴铵）	*N*, *N'*-Pentamethylenebis(trimethylammonium)salts (e.g. pentamethonium bromide)	541-20-8	√	√	
884	戊四硝酯	Pentaerithrityl tetranitrate	78-11-5	√	√	
885	五氯乙烷	Pentachloroethane	76-01-7	√	√	
886	五氯苯酚及其碱金属盐类	Pentachlorophenol and its alkali salts	87-86-5，131-52-2，7778-73-6	√	√	
887	薯瘟锡	Fentin acetate	900-95-8	√	√	
888	毒菌锡	Fentin hydroxide	76-87-9	√	√	
889	2- 亚戊基环己酮	2-Pentylidenecyclohexanone	25677-40-1	√	√	
890	苯丙氨酯	Phenprobamate	673-31-4	√	√	
891	苯丙香豆素	Phenprocoumon	435-97-2	√	√	
892	丁苯吗啉	Fenpropimorph	67564-91-4	√	√	
893	石榴皮碱及其盐类	Pelletierine and its salts	2858-66-4，4396-01-4	√	√	
894	甲酰胺	Formamide	75-12-7	√	√	
895	甲醛和多聚甲醛	Formaldehyde and paraformaldehyde	50-00-0，30525-89-4	√	√	
896	磷胺	Phosphamidon	13171-21-6	√	√	
897	磷及金属磷化物	Phosphorus and metal phosphides	7723-14-0	√	√	
898	溴酸钾	Potassium bromate	7758-01-2	√	√	

表 3-4（续）

序号	中文名称	英文名称	CAS 号	韩国	中国	备注
899	甲硫泊尔定	Poldine metilsulfate	545-80-2	√	√	
900	呋喃香豆素类［如：三甲沙林，8-甲氧基补骨脂素（花椒毒素），5-甲氧基补骨脂素（佛手柑内酯）等］	Furocoumarines (e. g. trioxysalen, 8-methoxypsoralen, 5-methoxypsoralen)	3902-71-4，298-81-7，484-20-8	√	√	天然香料中存在的正常含量除外 韩国：在防晒和美黑产品中，呋喃香豆素的含量应小于 1 mg/kg
901	糠基三甲基铵盐类（如：呋嗪碘铵）	Furfuryltrimethylammonium salts (e.g. furtrethonium iodide)	541-64-0	√	√	
902	吡氟禾草灵（丁酯）	Fluazifop-butyl	69806-50-4	√	√	
903	氟噁嗪酮	Flumioxazin	103361-09-7	√	√	
904	呋喃	Furan	110-00-9	√	√	
905	普莫卡因及其盐类	Pramocaine and its salts	140-65-8	√	仅指普莫卡因	
906	孕二醇	Pregnanediol		√		
907	孕激素类	Progestogens		√	√（激素类）	
908	孕烯醇酮乙酸酯	Pregnenolone acetate		√		
909	丙磺舒	Probenecid	57-66-9	√	√	
910	普鲁卡因胺及其盐类和衍生物	Procainamide, its salts and derivatives	51-06-9	√	√	
911	克螨特	Propargite	2312-35-8	√	√	
912	丙唑嗪	Propazine	139-40-2	√	√	
913	丙帕硝酯	Propatylnitrate	2921-92-8	√	√	

表 3-4（续）

序号	中文名称	英文名称	CAS 号	韩国	中国	备注
914	4,4′-（1,3- 丙烷二基双（氧基））双苯 -1,3- 二胺及其四盐酸盐［如：1,3- 双 -（2,4- 二氨基苯氧基）丙烷；1,3- 双 -（2,4- 二氨基苯氧基）丙烷盐酸盐］	4,4′-(1,3-Propanediylbis(oxy))bisbenzene-1,3-diamine)and its tetrahydrochloride salt(e.g. 1,3-*bis*-(2,4-diaminophenoxy) propane, 1,3-*bis*-(2,4-diaminophenoxy) propane HCl)		√		作为染发剂的规定见表 3-7
915	1,3- 丙磺酸内酯	1,3-Propanesultone	1120-71-4	√	√	
916	硝酸甘油（丙三醇三硝酸酯）	Nitroglycerin(propane-1,2,3-triyl rinitrate)	55-63-0	√	√	
917	丙醇酸内酯	Propiolactone	57-57-8	√	√	
918	炔苯酰草胺	Propyzamide	23950-58-5	√	√	
919	异丙安替比林	Propyphenazone	479-92-5	√	√	
920	桂樱	*Prunus laurocerasus* L	89997-54-6	√	√	
921	赛洛西宾	Psilocybine	520-52-5	√	√	
922	邻苯二甲酸类［限邻苯二甲酸二丁酯，邻苯二甲酸双（2-乙基己基）酯，苯基丁基邻苯二甲酸酯］	Phthalates: dibutyl phthalate; *bis*(2-ethylhexyl)phthalate, benzyl butyl phthalate	84-74-2，117-81-7，85-68-7	√	√	
923	氟硅唑	Flusilazole	85509-19-9	√	√	
924	氟阿尼酮	Fluanisone	1480-19-9	√	√	
925	氟苯乙砜	Fluoresone	2924-67-6	√	√	
926	氟尿嘧啶	Fluorouracil	51-21-8	√	√	

表 3-4（续）

序号	中文名称	英文名称	CAS 号	韩国	中国	备注
927	着色剂 CI 15585	Colouring agent CI 15585	5160-02-1，2092-56-0	√	√	
928	颜料橙 5 及其色淀、颜料及盐类	Pigment Orange 5 and its lakes, pigments and salts	3468-63-1	√	√	
929	非那司提及其盐类和衍生物	Finasteride, its salts and derivatives		√		
930	过氧化值超过 10 mmol/L 的欧洲黑松油及提取物	Pinus nigra oil and extract(peroxide value ＞10 mmol/L)	90082-74-9	√		
931	过氧化值超过 10 mmol/L 的欧洲山松油及提取物	Pinus Mugo Leaf Oil Pinus Mugo Twig Leaf Extract, Pinus Mugo Twig Oil(peroxide value ＞10 mmol/L)	90082-72-7	√		
932	过氧化值超过 10 mmol/L 的欧洲山松偃松油及提取物	Pinus Mugo Pumilio Twig Leaf Extract, Pinus Mugo Pumilio Twig Leaf Oil(peroxide value ＞10 mmol/L)	90082-73-8	√		
933	过氧化值超过 10 mmol/L 的乙酰化瑞士石松提取物	Pinus cembra extract acetylated(peroxide value ＞10 mmol/L)	94334-26-6	√		
934	过氧化值超过 10 mmol/L 的瑞士石松油及提取物	Pinus cembra oil and extract(peroxide value ＞10 mmol/L)	92202-04-5	√		
935	过氧化值超过 10 mmol/L 的北美乔松油及提取物	Pinus species oil and extract(peroxide value ＞10 mmol/L)	94266-48-5	√		
936	过氧化值超过 10 mmol/L 的欧洲赤松叶与枝叶的油及提取物	Pinus sylvestris Leaf, Leaf oil and extract (peroxide value ＞10 mmol/L)	84012-35-1	√		
937	过氧化值超过 10 mmol/L 的长叶松油及提取物	Pinus palustris oil and extract(peroxide value ＞10 mmol/L)	97435-14-8，8002-09-3	√		

表 3-4（续）

序号	中文名称	英文名称	CAS 号	韩国	中国	备注
938	过氧化值超过 10 mmol/L 的偃松油及提取物	Pinus pumila oil and extract(peroxide value ＞10 mmol/L)	97676-05-6	√		
939	过氧化值超过 10 mmol/L 的海岸松油及提取物	Pinus pinasteroil and extract(peroxide value ＞10 mmol/L)	90082-75-0	√		
940	除虫菊及其草药制剂	*Pyrethrum cinerariifolium Trev* and hebal preparation		√	√	
941	焦棓酚，染发剂中，根据用法用量，作为混合物的染发成分含量在 2% 以下的除外	Pyrogallol	87-66-1	√	√	
942	毛果芸香及其草药制剂	Pilocarpus jaborandi Holmes and hebal preparation	84696-42-4	√	√	
943	毛果芸香碱及其盐类	Pilocarpine and its salts	92-13-7	√	√	
944	吡咯烷基二氨基嘧啶氧化物	Pyrrolidinyl diaminopyrimidine oxide		√		
945	吡硫鎓钠	Pyrithione sodium	3811-73-2	√	√	
946	吡硫鎓铝骆驼蓬酯	Pyrithion aluminium camcilate		√		
947	吡美莫司及其盐类和衍生物	Pimecrolimus, its salts and derivatives		√		
948	吡蚜酮	Pymetrozine	123312-89-0	√	√	
949	过氧化值超过 10 mmol/L 的黑云杉油及提取物	Picea mariana oil and extract(peroxide value ＞10 mmol/L)	91722-19-9	√		
950	毒扁豆	*Physostigma venenosum* Balf.	89958-15-6	√	√	
951	PEG-3,2′,2′- 二 - 对苯二胺	PEG-3,2′,2′-di-*p*-phenylenediamine	144644-13-3	√	√	

表 3-4（续）

序号	中文名称	英文名称	CAS 号	韩国	中国	备注
952	印防己毒素	Picrotoxin	124-87-8	√	√	
953	苦味酸	Picric acid	88-89-1	√	√	
954	维生素 K1	Phytonadione	84-80-0，81818-54-4	√	√	
955	商陆及其制品	*Phytolacca* spp. and their preparations	65497-07-6，60820-94-2	√	商陆和垂序商陆	
956	匹哌氮酯及其盐类	Pipazetate and its salts	2167-85-3	√	√	
957	米诺地尔及其盐	Minoxidil and its salts	38304-91-5	√	√	
958	左法哌酯及其盐类	Levofacetoperane and its salts	24558-01-8	√	√	
959	哌苯甲醇及其盐类	Pipradrol and its salts	467-60-7	√	√	
960	哌库碘铵及其盐类	Piprocurarium iodide and its salts	3562-55-8	√	√	
961	荧光增白剂	Fluorescent brightener		√		
962	北美黄连碱和北美黄连次碱以及它们的盐类	Hydrastine, hydrastinine and their salts	118-08-1，6592-85-4	√	√	
963	（4-肼基苯基）-*N*-甲基甲烷磺酰胺盐酸盐	(4-Hydrazinophenyl)-*N*-methylmethanesulfonamide hydrochloride	81880-96-8	√	√	
964	酰肼类及其盐类	Hydrazides and their salts	54-85-3	√	√	
965	肼，肼的衍生物以及它们的盐类	Hydrazine, its derivatives and their salts	302-01-2	√	√	
966	氢化松香基醇	Hydroabietyl alcohol	26266-77-3，13393-93-6	√	√	

表 3-4（续）

序号	中文名称	英文名称	CAS 号	韩国	中国	备注
967	氢氰酸及其盐类	Hydrogen cyanide and its salts	74-90-8	√	√	
968	氢醌	Hydroquinone	123-31-9	√	√	
969	氢氟酸及其正盐，配合物以及氢氟化物	Hydrofluoric acid, its normal salts, its complexes and hydrofluorides	7664-39-3	√	√	
970	*N*-（3-羟基-2-（2-甲基丙烯酰氨基甲氧基）丙氧基甲基）-2-甲基丙烯酰胺和 *N*-（2,3-双-（2-甲基丙烯酰氨基甲氧基）丙氧基甲基）-2-甲基丙烯酰胺和甲基丙烯酰胺和 2-甲基-*N*-（2-甲基丙烯酰氨基甲氧基甲基）-丙烯酰胺和 *N*-（2,3-二羟基丙氧基甲基）-2-甲基丙烯酰胺的混合物	A mixture of: *N*-(3-Hydroxy-2-(2-methylacryloylaminomethoxy)propoxymethyl)-2-methylacrylamide and *N*-(2,3-*bis*-(2-methylacryloylaminomethoxy)propoxymethyl)-2-methylacrylamide and methacrylamide and 2-methyl-*N*-(2-methylacryloylaminomethoxymethyl)-acrylamide and *N*-(2,3-dihydroxypropoxymethyl)-2-methylacrylamide		√	√	
971	4-羟基-3-甲氧基肉桂醇的苯酸酯（天然香料中的正常含量除外）	Benzoates of 4-hydroxy-3-methoxycinnamyl alcohol except for normal content in natural essences used		√	√	
972	甲酸（6-（4-羟基-3-（2-甲氧基苯偶氮基）-2-磺基-7-萘胺基）-1,3,5-三嗪-2,4-基）双（（氨基-1-甲基乙基）铵）	6-(4-Hydroxy-3-(2-methoxyphenylazo)-2-sulfonato-7-naphthylamino)-1,3,5-triazine-2,4-diyl)*bis*((amino-1-methylethyl)ammonium)formate	108225-03-2	√	√	

表 3-4（续）

序号	中文名称	英文名称	CAS 号	韩国	中国	备注
973	1-羟基-3-硝基-4-（3-羟丙基氨基）苯（如：4-羟丙氨基-3-硝基苯酚）	1-Hydroxy-3-nitro-4-(3-hydroxypropylamino) benzene(e.g. 4-hydroxypropylamino-3-nitrophenol)		√		作为染发剂的规定见表 3-7
974	1-羟基-2-β-羟乙氨基-4,6-二硝基（如：2-羟乙基苦氨酸）	1-Hydroxy-2-beta-hydroxyethylamino-4,6-dinitrobenzene(e.g. 2-hydroxyethyl picramic acid)		√		作为染发剂的规定见表 3-7
975	5-羟基-1,4-苯并二噁烷及其盐类	5-Hydroxy-1,4-benzodioxane and its salts	10288-36-5	√	√	
976	HC 黄 5 及其盐类	HC Yellow 5 and its salts	56932-44-6	√	√	
977	羟乙基-2,6-二硝基对茴香胺及其盐类	Hydroxyethyl-2,6-dinitro-p-anisidine and its salts	122252-11-3	√	√	
978	3-（(4-（(2-羟乙基）甲氨基）-2-硝基苯基）氨基）-1,2-丙二醇及其盐类	3-((4-((2- Hydroxyethyl)methylamino)-2-nitrophenyl)amino)-1,2-propanediol and its salts		√	√	
979	羟乙基-3,4-亚甲二氧基苯胺；2-（1,3-苯并二噁英-5-基氨基）乙醇盐酸及其盐类（如：羟乙基-3,4-亚甲二氧基苯胺盐酸盐）	Hydroxyethyl-3, 4-methylenedioxyaniline; 2-(1,3-benzodioxole-5-ylamino)ethanol HCl and its salts(e.g. hydroxyethyl-3,4-methylenedioxyaniline and its hydrochloride)		√		作为染发剂的规定见表 3-7
980	3-（(4-（乙基（2-羟乙基）氨基）-2-硝基苯基）氨基）-1,2-丙二醇及其盐类	3-((4-(Ethyl(2-hydroxyethyl)amino)-2-nitrophenyl) amino)-1,2-propanediol and its salts	114087-41-1，114087-42-2	√	√	

表 3-4（续）

序号	中文名称	英文名称	CAS 号	韩国	中国	备注
981	4-（2-羟乙基）氨基-3-硝基苯酚及其盐类（如：3-硝基对羟乙氨基酚）	4-(2-Hydroxyethyl)amino-3-nitrophenol and its salts(e.g. 3-nitro-*p*-hydroxyethylaminophenol)		√		作为染发剂的规定见表 3-7
982	2,2′-((4-((2-羟乙基）氨基）-3-硝基苯基）亚氨基）双乙醇及其盐类（如：HC 蓝 2）	2,2′-((4-((2-Hydroxyethyl)amino)-3-nitrophenyl)imino)bisethanol(e.g. HC Blue 2)		√		韩国：作为染发剂的规定见表 3-7
983	分散紫 4 及其盐类	Disperse Violet 4 and its salts	1220-94-6	√	√	
984	羟乙氨甲基对氨基苯酚及其盐类	Hydroxyethylaminomethyl-*p*-aminophenol and its salts	110952-46-0, 135043-63-9	√	√	
985	5-((2-羟乙基）氨基）-o-甲酚及其盐类（如：2-甲基-5-羟乙氨基苯酚）	5-((2-Hydroxyethyl)amino)-*o*-cresol; (e.g. 2-methyl-5-hydroxyethyl aminophenol)		√		作为染发剂的规定见表 3-7
986	替拉曲可及其盐类	Tiratricol and its salts	51-24-1	√	√	
987	6-羟基-1-（3-异丙氧基丙基）-4-甲基-2-氧-5-（4-（苯偶氮基）苯偶氮基）-1,2-二氢-3-吡啶腈	6-Hydroxy-1-(3-isopropoxypropyl)-4-methyl-2-oxo-5-(4-(phenylazo)phenylazo)-1,2-dihydro-3-pyridinecarbonitrile	85136-74-9	√	√	
988	4-羟基吲哚	4-Hydroxyindole	2380-94-1	√	√	
989	2-（2-羟基-3-（2-氯苯基）氨基甲酰-1-萘基偶氮）-7-（2-羟基-3-（3-甲基苯基）-氨基甲酰-1-萘基偶氮）-芴-9-酮	2-(2-Hydroxy-3-(2-chlorophenyl)carbamoyl-1-naphthylazo)-7-(2-hydroxy-3-(3-methylphenyl)carbamoyl-1-naphthylazo) fluoren-9-one		√	√	

表 3-4（续）

序号	中文名称	英文名称	CAS 号	韩国	中国	备注
990	4-（7-羟基-2,4,4-三甲基-2-苯并二氢吡喃基）间苯二酚-4-基-三（6-重氮基-5,6-二氢化-5-氧代萘-1-磺酸盐）和4-（7-羟基-2,4,4-三甲基-2-苯并二氢吡喃基）间苯二酚双（6-重氮基-5,6-二氢化-5-氧代萘-1-磺酸盐）的2：1混合物	A 2: 1 mixture of: 4-(7-hydroxy-2,4,4-trimethyl-2-chromanyl)resorcinol-4-yl-tris(6-diazo-5,6-dihydro-5-oxonaphthalen-1-sulfonate)and 4-(7-hydroxy-2,4,4-trimethyl-2-chromanyl)resorcinolbis(6-diazo-5,6-dihydro-5-oxonaphthalen-1-sulfonate)	140698-96-0	√	√	
991	11-*α*-羟基孕（甾）-4-烯-3,20-二酮及其酯类	11-*α*-Hydroxypregn-4-ene-3,20-dione and its esters	80-75-1	√	√	
992	1-（3-羟丙氨基）-2-硝基-4-双（2-羟乙氨基）苯及其盐类（如：HC 紫 2）	1-(3-Hydroxypropylamino)-2-nitro-4-*bis*(2-hydroxyethylamino)benzene and its salts(e.g. HC Violet 2)		√		韩国：作为染发剂的规定见表 3-7
993	羟丙基双（*N*-羟乙基对苯二胺）及其盐类	Hydroxypropyl bis(*N*-hydroxyethyl-*p*-phenylenediamine)and its salts	128729-28-2	√		作为染发剂的规定见表 3-7
994	羟吡啶酮及其盐类	Hydroxypyridinone and its salts	822-89-9	√	√	
995	3-羟基-4-（(2-羟基萘基）偶氮）-7-硝基萘-1-磺酸及其盐类	3-Hydroxy-4-((2-hydroxynaphthyl)azo)-7-nitronaphthalene-1-sulphonic acid and its salts	16279-54-2，5610-64-0	√	√	
996	卤烃	Halocarban		√		
997	氟哌啶醇	Haloperidol	52-86-8	√	√	

表 3-4（续）

序号	中文名称	英文名称	CAS 号	韩国	中国	备注
998	抗生素类	Antibiotics		√	抗感染类药物	中国：包括但不限于三溴沙仑、抗生素类、二氢速甾醇、乙硫异烟胺、呋喃唑酮、酮康唑、甲硝唑、呋喃妥因、磺胺类药物（磺胺和其氨基的一个或多个氢原子被取代的衍生物）及其盐类、甲巯咪唑、短杆菌素等
999	抗组胺药（如：多西拉敏，二苯拉林，苯海拉明，美沙吡林，溴苯那敏，赛克利嗪，氯苯沙明，曲吡那敏，羟嗪）	Antihistamines(e.g. Doxylamine, Diphenylpyraline, Diphehydramine, Methapyrilene, Brompheniramine, Cyclizine, Chlorphenoxamine, Tripelennamine, Hydroxyzine)		√	√	
1000	*N*, *N'*- 六甲亚基双（三甲基铵）盐（如：六甲溴铵）	*N*, *N'*-Hexamethylene *bis*(trimethylammonium)salts (e.g. hexamethonium bromide)	55-97-0	√	√	
1001	六甲基磷酸 - 三酰胺	Hexamethylphosphoric-triamide	680-31-9	√	√	
1002	四磷酸六乙基酯	Hexaethyl tetraphosphate	757-58-4	√	√	
1003	六氯苯	Hexachlorobenzene	118-74-1	√	√	
1004	异艾氏剂	Isodrin	465-73-6	√	√	
1005	1,2,3,4,5,6- 六氯环己烷	1,2,3,4,5,6-Hexachlorocyclohexane	58-89-9	√	√	

表 3-4（续）

序号	中文名称	英文名称	CAS 号	韩国	中国	备注
1006	六氯乙烷	Hexachloroethane	67-72-1	√	√	
1007	异狄氏剂	Endrin	72-20-8	√	√	
1008	已丙氨酯	Hexapropymate	358-52-1	√	√	
1009	斑蝥素	Cantharidine	56-25-7	√	√	
1010	六氢化环戊（*c*）吡咯-1-（1*H*）-铵 *N*-乙氧基羰基-*N*-（聚砜基）氮烷化物	Hexahydrocyclopenta(*c*)pyrrole-1-(1*H*)-ammonium *N*-ethoxycarbonyl-*N*-(*p*-tolylsulfonyl)azanide		√	√	
1011	六氢化香豆素	Hexahydrocoumarin	700-82-3	√	√	
1012	己烷	Hexane	110-54-3	√	√	
1013	2-己酮	Hexan-2-one	591-78-6	√	√	
1014	壬二酸及其盐和衍生物	Nonanedioic acid, its salts and derivatives		√		
1015	反式-2-己烯醛二甲基乙缩醛	trans-2-Hexenal dimethyl acetal	18318-83-7	√	√	
1016	反式-2-己烯醛二乙基乙缩醛	trans-2-Hexenal diethyl acetal	67746-30-9	√	√	
1017	散沫花叶提取物	Lawsonia Inermis leaf extract		√		韩国：作为染发剂的规定见表 3-7
1018	反式-2-庚烯醛	trans-2-Heptenal	18829-55-5	√	√	
1019	七氯一环氧化物	Heptachlor-epoxide	1024-57-3	√	√	
1020	七氯	Heptachlor	76-44-8	√	√	
1021	3-庚基-2-（3-庚基-4-甲基-噻唑啉-2-亚基）-4-甲基-噻唑啉二酮	3-Heptyl-2-(3-heptyl-4-methyl-thiozoline-2-ylene)-4-methyl-thiazoliniumdide		√		

表 3-4（续）

序号	中文名称	英文名称	CAS 号	韩国	中国	备注
1022	4,5-二氨基-1-((4-氯苯基)甲基)-1*H*-吡唑硫酸盐	4,5-Diamino-1-((4-chlorophenyl)methyl)-1*H*-pyrazole sulfate	163183-00-4	√	√	
1023	5-氨基-4-氟-2-甲基苯酚硫酸盐	5-Amino-4-fluoro-2-methylphenol sulfate	163183-01-5	√	√	
1024	莨菪叶、果实、粉和草药制剂	Hyoscyamus niger L(leaf, fruit, powder and herbal preparation)	84603-65-6	√	√	
1025	莨菪碱及其盐类和衍生物	Hyoscyamine, its salts and derivatives	101-31-5	√	√	
1026	东莨菪碱及其盐类和衍生物	Hyoscine, its salts and derivatives	51-34-3	√	√	
1027	英国及北爱尔兰产牛源性成分	Materials with bovine source from England and Northern Ireland		√	指牛源性物质	
1028	疯牛病感染的组织和含有它们的成分	Bovine spongiform encephalopathy(BSE) infected tissues and components containing them		√		
1029	疯牛病发病地区的以下特定危险成分（牛、羊、山羊等反刍动物的 18 个部位：大脑、头盖骨、脊髓、脑脊髓液、松果体、脑下垂体、硬膜、眼睛、三叉神经节、背根神经节、脊柱、淋巴结、扁桃体、胸腺、从十二指肠到直肠的肠、脾脏、胎盘、肾上腺）	The following components of specified risk material are found in the areas where Bovine spongiform encephalopathy(BSE)is reported (18 parts of Ruminants such as cattle, sheep, goat, etc: brain, skull, spinal cord, cerebrospinal fluid, pineal gland, pituitary gland, dura mater, eye, trigeminal ganglia, dorsal root ganglia, vertebral coolmn, lymph nodes, tonsil, thymus, intestines from the duodenum to the rectum, spleen, placenta, adrenal gland)		√		

表 3-4（续）

序号	中文名称	英文名称	CAS 号	韩国	中国	备注
1030	硝基甲烷	Nitromethane	75-52-5	√	√	
1031	新铃兰醛	3-and 4-(4-Hydroxy-4-methylpentyl) cyclohex-3-ene-1-carbaldehyde(HICC)	51414-25-6, 31906-04-4	√	√	
1032	苔黑醛	Atranol	526-37-4	√	√	
1033	氯化苔黑醛	Chloroatranol	57074-21-2	√	√	
1034	甲烷二醇	Methanediol; methylene glycol	463-57-0	√		
1035	万寿菊花提取物，万寿菊花油	Tagetes erecta flower extract, Tagetes erecta flower oil	90131-43-4	√		
韩国没有规定，中国列入禁用组分的物质						
序号	中文名称	英文名称	CAS 号	韩国	中国	备注
1	1,2- 苯基二羧酸支链和直链二 C_{7-11} 基酯	1,2-Benzenedicarboxylic acid, di-C_{7-11}, branched and linear alkyl esters	68515-42-4		√	
2	1- 羟基 -2,4- 二氨基苯（2,4- 二氨基苯酚）及其盐酸盐	1-Hydroxy-2,4-diaminobenzene(2,4-Diaminophenol)and its dihydrochloride salts(2,4-Diaminophenol HCl)	95-86-3, 137-09-7		√	
3	2- 氨基 -4- 硝基苯酚	2-Amino-4-nitrophenol	99-57-0		√	
4	2- 氨基 -5- 硝基苯酚	2-Amino-5-nitrophenol	121-88-0		√	
5	邻氨基苯酚及其盐类	2-Aminophenol and its salts	95-55-6, 67845-79-8, 51-19-4		√	
6	2- 甲基 - 间苯二胺（甲苯 -2,6- 二胺）	2-Methyl-m-phenylenediamine(Toluene-2,6-diamine)	823-40-5		√	

表 3-4（续）

序号	中文名称	英文名称	CAS 号	韩国	中国	备注
7	二硫酸氢（3,3′-二甲基（1,1′-联苯）-4,4′-二基）二铵	(3,3′-Dimethyl(1,1′-biphenyl)-4,4′-diyl) diammonium bis(hydrogen sulfate)	64969-36-4		√	
8	4-甲基间苯二胺（甲苯-2,4-二胺）及其盐类	4-Methyl-m-phenylenediamine(Toluene-2,4-diamine)and its salts	95-80-7		√	
9	氯唑灵	Etridiazole	2593-15-9		√	
10	9,10-蒽醌，1-（(2-羟乙基）氨基）-4-（甲氨基）-及其衍生物和盐类	9,10-Anthracenedione, 1-((2-hydroxyethyl) amino)-4-(methylamino)-, and its derivatives and salts	2475-46-9，86722-66-9		√	
11	羟苯苄酯	Benzylparaben	94-18-8		√	
12	氯乙酰胺	Chloroacetamide	79-07-2		√	
13	毛地黄苷和洋地黄所含的各种苷	Digitaline and all heterosides of Digitalis purpurea L	752-61-4		√	
14	*N*-（4-（(4-（二乙基氨基）苯基）（4-（乙基氨基）-1-萘基）亚甲基）-2,5-环己二烯-1-亚基）-*N*-乙基-乙铵及其盐类	Ethanaminium, *N*-(4-((4-(diethylamino) phenyl)(4-(ethylamino)-1-naphthalenyl) methylene)-2,5-cyclohexadien-1-ylidene)-*N*-ethyl-, and its salts	2390-60-5		√	
15	*N*-（4-（双（4-（二乙胺基）苯基）亚甲基）-2,5-环己二烯-1-亚基）-*N*-乙基-乙铵及其盐类	Ethanaminium, *N*-(4-(bis (4-(diethylamino) phenyl) methylene)-2,5-cyclohexadien-1-ylidene)-*N*-ethyl-, and its salts	2390-59-2		√	
16	非克立明	Feclemine	3590-16-7		√	

表 3-4（续）

序号	中文名称	英文名称	CAS 号	韩国	中国	备注
17	羟苯异丁酯及其盐	Isobutylparaben, sodium salt or salts of isobutylparaben	4247-02-3，84930-15-4		√	
18	羟苯异丙酯及其盐	Isopropylparaben, sodium salt or salts of isopropylparaben	4191-73-5		√	
19	咪唑	Imidazole	288-32-4		√	
20	间苯二胺及其盐类	*m*-Phenylenediamine and its salts	108-45-2		√	
21	HC 红 16 及其盐类	HC Red 16	160219-76-1		√	
22	二甲基亚砜提取物含量大于 3%（*w/w*）的催化脱蜡处理的重环烷油（石油）	Naphthenic oils(petroleum), catalytic dewaxed heavy, if they contain ＞3%(*w/w*) DMSO extract	64742-68-3		√	
23	羟苯戊酯	Pentylparaben	6521-29-5		√	
24	季铵盐 -15	Quaternium-15	51229-78-8，4080-31-3		√	
25	碘酸钠	Sodium iodate	7681-55-2		√	
26	溶剂红 23	Solvent Red 23	85-86-9		√	
27	秋兰姆二硫化物类	Thiuram disulphides			√	
28	短杆菌素	Thyrothricine			√	
29	2- 氯对苯二胺，2- 氯对苯二胺硫酸盐	2-chlorobenzene-1,4-diamine (2-Chloro-*p*-Phenylenediamine)and its sulfate salts	615-66-7，61702-44-1		√	
30	非那西丁	Phenacetin	62-44-2		√	

表 3-4（续）

序号	中文名称	英文名称	CAS 号	韩国	中国	备注
31	抗组胺药，包括但不限于溴苯那敏及其盐类、氯苯沙明、赛克利嗪及其盐类、苯海拉明及其盐类、多西拉敏及其盐类、羟嗪、曲吡那敏、西咪替丁等	Antihistamines, including but not limited to Brompheniramine (INN) and its salts, Chlorphenoxamine (INN), Cyclizine (INN) and its salts, Diphenhydramine (INN) and its salts, Doxylamine (INN) and its salts, Hydroxyzine (INN), Tripelennamine (INN), Cimetidine (INN)	86-22-6, 77-38-3, 82-92-8, 58-73-1, 469-21-6, 68-88-2, 91-81-6, 51481-61-9		√	
32	激素类，包括但不限于甾族结构的抗雄激素物质、糖皮质激素类（皮质类固醇）、雌激素类、帕拉米松、孕激素类、具有雄激素效应的物质等	Hormones, including but not limited to Anti-androgens of steroidal structure, Glucocorticoids (Corticosteroids), Oestrogens, Paramethasone, Progestogens, Substances with androgenic effect			√	
33	肾上腺素受体激动药，包括但不限于麻黄碱及其盐类、肾上腺素、异丙肾上腺素、萘甲唑啉及其盐类、去甲肾上腺素及其盐类、奥托君及其盐类等	Adrenergic agents, including but not limited to Ephedrine and its salts, Epinephrine, Isoprenaline, Naphazoline and its salts, Noradrenaline and its salts, Octodrine and its salts			√	
34	大麻二酚	Cannabidiol	13956-29-1		√	
35	3- 亚苄基樟脑	3-Benzylidene Camphor	15087-24-8		√	
36	硼酸盐和四硼酸盐	Borates and tetraborates			√	
37	苄氯酚	Clorofene; chlorophene; 2-benzyl-4-chlorophenol	120-32-1		√	
38	环己胺	Cyclohexylamine	108-91-8		√	

表 3-4（续）

序号	中文名称	英文名称	CAS 号	韩国	中国	备注
39	过硼酸钠	Sodium perborate	7632-04-4		√	
40	乙酸乙烯酯	Vinyl acetate	108-05-4		√	
41	乌洛托品	Methenamine	100-97-0		√	
42	尖尾芋	*Alocasia cucullata*(Lour.)Schott			√	
43	海芋	*Alocasia odora* (Roxb.) K. Koch; *Alocasia macrorrhiza* (synonym)			√	
44	花魔芋（魔芋）	*Amorphophallus konjac* K. Koch; *Amorphophallus rivieri* (synonym)			√	
45	打破碗花花	*Anemone hupehensis* Lemoine			√	
46	白芷	*Angelica dahurica* (Fisch. Ex Hoffm.) Benth. et Hook. f.			√	
47	茄科山莨菪属植物	*Anisodus* Link et Otto, (Solanaceae)			√	
48	马兜铃科细辛属植物	*Asarum* L. (Aristolochiaceae)			√	
49	芥菜（芥）	*Brassica juncea* (L.) Czern.			√	
50	鸦胆子	*Brucea javanica* (L.) Merr.			√	
51	蟾酥	*Bufo bufo gargarizans* Cantor, *Bufo melanostictus* Schneider			√	
52	长春花	*Catharanthus roseus* (L.) G. Don			√	
53	海杧果	*Cerbera manghas* L.			√	
54	白屈菜	*Chelidonium majus* L.			√	
55	藜	*Chenopodium album* L.			√	

表 3-4（续）

序号	中文名称	英文名称	CAS 号	韩国	中国	备注
56	铃兰	*Convallaria majalis* L.; *Convallaria keiskei* (synonym)			√	
57	马桑	*Coriaria nepalensis* Wall.			√	
58	紫堇	*Corydalis edulis* Maxim.			√	
59	文殊兰	*Crinum asiaticum* L. var. *sinicum*			√	
60	农吉利（野百合）	*Crotalaria sessiliflora* L.			√	
61	芫花	*Daphne genkwa* Sieb. et Zucc.			√	
62	鱼藤	*Derris trifoliata* Lour.			√	
63	白薯莨	*Dioscorea hispida* Dennst.			√	
64	茅膏菜	*Drosera peltata* Willd.; *Drosera peltata var. multisepala* (synonym)			√	
65	粗茎鳞毛蕨（绵马贯众）	*Dryopteris crassirhizoma* Nakai			√	
66	麻黄科麻黄属植物	*Ephedra Tourn*. ex L.(Ephedraceae)			√	
67	葛上亭长	*Epicauta gorhami* Mars.			√	
68	大戟科大戟属植物（小烛树蜡除外）	*Euphorbia* L. (Euphorbiaceae) (except candelilla wax)			√	
69	藤黄	*Garcinia hanburyi Hook*. F.; *Garcinia Morella*(synonym)			√	
70	钩吻	*Gelsemium elegans* Benth.			√	
71	红娘子	*Huechys sanguinea* De Geer.			√	

表 3-4（续）

序号	中文名称	英文名称	CAS 号	韩国	中国	备注
72	泰国大风子（大风子）	*Hydnocarpus anthelminthicus* Pierre in Laness.			√	
73	海南大风子	*Hydnocarpus hainanensis* (Merr.) Sleumer			√	
74	五味子科八角属植物（八角除外）	*Illicium* L. (Schisandraceae) (except. *Illicium verumt*)			√	
75	山慈姑	*Iphigenia indica* Kunth et Benth.			√	
76	石蒜	*Lycoris radiata* Herb.			√	
77	青娘子	*Lytta caraganae* Pallas			√	
78	博落回	*Macleaya cordata*(Willd.)R. Br.			√	
79	地胆	*Meloe coarctatus* Motsch.			√	
80	含羞草	*Mimosa pudica* L.			√	
81	夹竹桃	*Nerium oleander* L.; *Nerium indicum* (synonym)			√	
82	臭常山	*Orixa japonica* Thunb.			√	
83	杠柳（北五加皮、香加皮）	*Periploca sepium* Bge.			√	
84	牵牛	*Ipomoea nil* (L.) Roth; *Pharbitis nil* (synonym)			√	
85	半夏	*Pinellia ternata* (Thunb.) Breit.			√	
86	紫花丹	*Plumbago indica* L.			√	
87	白花丹	*Plumbago zeylanica* L.			√	

表 3-4（续）

序号	中文名称	英文名称	CAS 号	韩国	中国	备注
88	补骨脂	*Cullen corylifolium* (L.) Medik.; *Psoralea corylifolia* (synonym)			√	
89	毛茛科毛茛属植物	*Ranunculus* L. (Ranunculaceae)			√	
90	萝芙木	*Rauvolfia verticillata* (Lour.) Baill.	90106-13-1		√	
91	羊踯躅	*Rhododendron molle* G. Don			√	
92	万年青	*Rohdea japonica* Roth			√	
93	乌桕	*Sapium sebiferum* (L.) Roxb.			√	
94	一叶萩	*Flueggea suffruticosa* (Pall.) Baill.; *Securinega suffruticosa* (synonym)			√	
95	苦参实	*Sophora flavescens* Ait.(seed)			√	
96	菊科千里光属植物	*Senecio* L. (Compositae)			√	
97	茵芋	*Skimmia reevesiana* Fortune			√	
98	狼毒	*Stellera chamaejasme* L.			√	
99	黄花夹竹桃	*Thevetia peruviana* (Pers.) K. Schum., *Thevetia neriifolia* Jussieu			√	
100	卫矛科雷公藤属植物	*Tripterygium* L.(Celastraceae)			√	
101	独角莲（白附子）	*Sauromatum giganteum* (Engler)Cusimano & Hetterscheid; *Typhonium giganteum* (synonym)			√	
102	了哥王	*Wikstroemia indica* (L.) C.A.Mey.			√	

表 3-4（续）

序号	中文名称	英文名称	CAS 号	韩国	中国	备注
103	东亚魔芋	*Amorphophallus kiusianus* (Makino)Makino; *Amorphophallus sinensis* (synonym)			√	
104	白芥	*Sinapis alba* L.			√	
105	威灵仙	*Clematis chinensis* Osbeck			√	
106	棉团铁线莲	*Clematis hexapetala* Pall.			√	
107	辣蓼铁线莲	*Clematis terniflora var. mandshurica* (Rupr.) Ohwi; *Clematis mandshurica* (synonym)			√	
108	圆叶牵牛	*Ipomoea purpurea* (L.) Roth; *Pharbitis purpurea* (synonym)			√	
109	大麻（CANNABIS SATIVA）仁果	CANNABIS SATIVA FRUIT			√	
110	大麻（CANNABIS SATIVA）籽油	CANNABIS SATIVA SEED OIL			√	
111	大麻（CANNABIS SATIVA）叶提取物	CANNABIS SATIVA LEAF EXTRACT			√	

注：在中国，禁用植物组分包括其提取物及制品。明确标注禁用部位的，仅限于此；未明确标注禁用部位的，所禁为全株植物，包括花、茎、叶、果实、种子、根及其制剂等。

第三节　化妆品准用和限用组分

中国《化妆品安全技术规范》（2015年版）中将化妆品准用组分分为化妆品准用防腐剂、化妆品准用防晒剂、化妆品准用着色剂和化妆品准用染发剂四大类；限用组分指在限定条件下可作为化妆品原料使用的物质。韩国对于化妆品定义与中国并不一致，特别需要关注的是染发产品在韩国定义为“医药外品”，不属于“化妆品”范畴，与中国标准出入较大；对于着色剂的规定不是收录在《化妆品安全标准等相关规定》中，而是收录在《化妆品着色剂种类、标准和试验方法》中。

一、化妆品准用防腐剂

韩国《化妆品安全标准等相关规定》收录了59项化妆品准用防腐剂，其中多数准用防腐剂用法、用量与中国基本一致，但在使用范围方面相对分类更细。如甲基异噻唑啉酮、十一烯酸及其盐类及单乙醇酰胺、海克替啶，韩国仅限用于淋洗类产品；氯咪巴唑，韩国仅限用于发用产品，中国则无使用范围限制。苯扎氯铵、苯扎溴铵、苯扎糖精铵，苯甲酸及其盐类和酯类，氯己定及其二葡萄糖酸盐，二醋酸盐和二盐酸盐在韩国标准中淋洗类的限量和其他产品的限量有差异，苯甲醇在染发产品和其他产品中使用时限量不同，中国标准则无此差异。

需要注意的是乌洛托品、苄氯酚、碘酸钠与季铵盐-15在韩国标准中皆为准用防腐剂，但在中国标准中两者均为禁用组分，两国标准区别较大。

韩国《化妆品安全标准等相关规定》收录的9项防腐剂中国未收录，包括3,4-二氯苯甲醇、硼砂、西吡氯铵、月桂酰肌氨酸钠、月桂基异喹啉氮鎓溴化物、MDM乙内酰脲、烷基二氨基乙基甘氨酸盐酸溶液（30%）、四溴邻甲酚、吡啶-2-醇，1-氧化物。

中、韩两国化妆品准用防腐剂比对见表3-5。

二、化妆品准用防晒剂

韩国《化妆品安全标准等相关规定》收录了30项准用防晒剂，中国《化妆品安全技术规范》（2015年版）收录了26项准用防晒剂，其中16项防晒剂的用法、用量一致。甲酚曲唑、棓酰棓酸三油酸酯、2-羟基-1,4-萘醌和二羟丙酮的混合物、薄荷醇邻氨基苯甲酸酯、二苯酮-8、西诺沙酯、二羟丙基PABA乙酯、水杨酸三乙醇胺盐这 8 项组分中国未收录为准用防晒剂。二苯酮 -3、甲氧基肉桂酸乙基己酯使用限量韩国分别为 5%、7.5%，中国标准皆为 10%。

中国准用而韩国未准用的化妆品防晒剂共 4 项，包括 3 项含樟脑结构的化合物和 PEG-25 对氨基苯甲酸。相比较而言，韩国防晒剂产品可选择范围更广，但其限量把控严格。

中、韩两国化妆品准用防晒剂比对见表 3-6。

三、化妆品准用染发剂

《化妆品安全技术规范》（2015 年版）收录准用染发剂 74 项，韩国《化妆品安全标准等相关规定》收录准用染发剂 84 项。其中，有 14 项中国标准收录而韩国标准未收录，有 15 项韩国标准涵盖而中国标准未收录，这 15 项中除没食子酸外的 14 种均规定在其他产品中禁止使用。

中国标准收录而韩国标准未收录的准用染发剂组分中，占比较大的是苯酚类物质及其盐类，如 4- 氯间苯二酚、5- 氨基 -4- 氯邻甲酚、5- 氨基 -4- 氯邻甲酚盐酸盐、6- 氨基间甲酚、间氨基苯酚盐酸盐、对氨基苯酚盐酸盐，该类物质主要在氧化型染发产品中使用。

需要注意的是，有 13 项韩国准用染发剂在中国标准中明确规定为禁用组分，包括 2- 氯对苯二胺硫酸盐、硝基对苯二胺、2- 氨基 -4- 硝基苯酚、2- 氨基 -5- 硝基苯酚、邻氨基苯酚、间苯二胺盐酸盐、间苯二胺、邻氨基苯酚硫酸盐、间苯二胺硫酸盐、2,4- 二氨基苯酚盐酸盐、2- 氨基 -5- 硝基苯酚硫酸盐、儿茶酚（邻苯二酚）、焦棓酚。

此外，苦氨酸钠、2- 氯对苯二胺硫酸盐、1,3- 双 -（2,4- 二氨基苯氧基）丙烷盐酸盐、1,3- 双 -（2,4- 二氨基苯氧基）丙烷等染发剂中国允许用于非氧化型染发产品，而韩国只允许在氧化型染发产品中使用，两者有一定的区别。

中国对 4- 硝基邻苯二胺、间氨基苯酚、对氨基苯酚、对苯二胺盐酸盐、4- 硝基邻苯二胺硫酸盐、间氨基苯酚硫酸盐、对氨基苯酚硫酸盐、1- 萘酚、间苯二酚、2，6- 二羟乙基氨甲苯这 10 类染发剂的其限量要求更为严格。对 2,7- 萘二酚、碱性红 51、碱性黄 87、HC 红 1 这 4 项染发剂中国标准更是细分了氧化型和非氧化型染发剂使用限量的不同，要求严格。

中、韩两国化妆品准用染发剂比对见表 3-7。

我国作为中药大国，选用一些植物或动物原料制备化妆品由来已久。但随着研究的深入，发现一些动植物提取物及其制品虽然有较好的护肤或者上妆效果，却具有一定的毒副作用，有的对皮肤或黏膜有强刺激性或变态反应性、光毒性，有些为致癌物，有些对人体有强烈的生物活性等。虽然部分动植物组分可以药用，但不宜作为化妆品使用。中国禁用植（动）物组分主要分为含有毒甙类成分的植（动）物组分，含生物碱类的植（动）物组分，含光敏性、过敏性成分的禁用植（动）物组分，含致癌性成分的植（动）物组分，含有其他毒性成分的禁用植（动）物组分五大类。下面举例说明。

毛茛科侧金盏花属植物属于含强心甙类的禁用植物组分，其根和全草含强心甙以及其他化合物，能引起心率变化异常，损坏神经系统，且存在毒性蓄积性。

秋水仙是典型的含生物碱类的禁用植物组分，其花及球茎内有多种毒性极强的生物碱，如秋水仙素、石蒜碱及雪花莲胺碱等，毒性主要表现为对骨髓造血的直接抑制作用，易引起再生障碍性贫血、粒细胞缺乏等。

《本经》一书中宣称白芷可长肌肤、润泽。但是随着科学的进步，发现白芷中所含的异欧前胡素、乙香甘内酯、花椒毒素等呋喃香豆素类化合物为光活性物质，当它们进入机体后，一旦受到日光或紫外线照射，就可使受照射处皮肤发生日光性皮炎，红肿、色素增加、表皮增厚等症状，甚至引起抽搐等更严重状况。

马兜铃别名水马香果、蛇参果、三角草。马兜铃为多年生的缠绕性草本植物，因含有强烈致癌物质成分马兜铃酸，可引发马兜铃酸肾病。该物种为中国植物图谱数据库收录的有毒植物，可引起脱水、酸中毒。国际肿瘤研究机构（IARC）2009 年已将马兜铃酸列为 1 级致癌物。

斑蝥，俗称西班牙苍蝇。斑蝥含斑蝥素，具强臭及发泡性，有很强大的刺激性，属剧毒。

与前几类禁用原因不同，大麻成分近期成为中国禁用的天然成分原料，虽然大麻成分护肤品在国外走红，但根据国家禁毒管理相关政策要求，我国将大麻仁果、大麻籽油、大麻叶提取物和大麻二酚等原料列为化妆品禁用组分。

四、化妆品限用（其他准用）组分

《化妆品安全技术规范》（2015 年版）较《化妆品卫生规范》（2007 年版）在限用（其他准用）组分方面有较大的更改，共包括 47 种组分。

韩国《化妆品安全标准等相关规定》附录 2“其他准用组分表”收录 78 项组分，其中多数中国未收录在限用组分表中。

（1）常用于香精香料的各类突厥酮等物质，如 α- 突厥酮、δ- 突厥酮、顺式 -β- 突厥酮、反式 -α- 突厥酮、反式 -β- 突厥酮等。香精普遍具有一定的刺激性或致敏性，因此韩国限制了其在产品中的含量，一般在 0.02% 以下。

（2）多种植物油及提取物，如苏合香油和提取物、埃塞俄比亚红没药油及树胶提取物、秘鲁香膏提取物和蒸馏物、枯茗籽果油提取物、胶皮枫香树油及提取物，规定含量在 0.6% 以下。

（3）多种化妆品功能性原料，如维生素 E（生育酚）、半胱氨酸、乙酰半胱氨酸及其盐类、尿素、RH/SH 寡肽 -1（表皮细胞生长因子）等。功能性原料对于化妆品来说并不是多多益善，例如，维生素 E 具有抗氧化、消除自由基的作用，但它同时具有抗凝活性，长期大剂量摄入可增加出血性卒中发生危险；摄入低剂量维生素 E 具有抗氧化作用，而摄入大剂量时可能不再具有抗氧化活性，此时维生素 E 反而成了促氧化剂；摄入大剂量维生素 E 还可能妨碍其他脂溶性维生素的吸收和功能。又如，尿素具有保湿、护肤的作用，但高含量对皮肤有刺激作用。因此对于一些功效成分，也需要有使用的限制。

（4）韩国近年来对吐纳麝香、辛炔羧酸甲酯、甲基庚二烯酮、3- 甲基 -2- 壬烯腈等新使用的或对其安全性有新认知的化妆品原料进行了修订。

有 16 项组分收录于《化妆品安全技术规范》（2015 年版）限用组分表中，但未收录于韩国《化妆品安全标准等相关规定》中。例如，苯甲酸及其钠盐是一种常见的防腐剂，在淋洗类产品中的限量为总量的 2.5%（以酸计），如果使用目的不是防腐剂，该原料及其功能必须标注在产品标签上。双氯酚在韩国为禁用组分，中国标准规定其限量为 0.50%。

中、韩两国都收录的限用组分中也有用量和使用范围存在差异的，例如，过氧化氢和其他释放过氧化氢的化合物或混合物用于发用产品，韩国限量 3%，中国限量 12%；肤用产品，中国限量 4% ，韩国未允许使用；指（趾）甲硬化产品，中、韩两国限量皆为 2%。西曲氯铵，硬脂基三甲基氯化铵在淋洗类发用产品和染发产品中使用时，两国标准规定相同，两者单独或合并使用总量不超过 2.5%；在驻留类发用产品和染发产品中使用时，韩国标准规定合并使用总量为 1.0%，中国标准要求更严格的限量，仅为 0.25%。

中、韩两国化妆品限用（其他准用）组分比对见表 3-8。

五、化妆品准用着色剂

《化妆品安全技术规范》（2015 年版）列出了中国化妆品准用着色剂共 157 项，与《化妆品卫生规范》（2007 年版）相比新增 1 项，修订 69 项；韩国《化妆品着色剂种类、标准和试验方法》共收录 130 项准用色素。有 75 项组分收录于《化妆品安全技术规范》（2015 年版）准用着色剂表中，但未收录于韩国《化妆品着色剂种类、标准和试验方法》里；34 种焦油色素韩国标准有收录，但中国相关标准并未收录。

可以看出，中、韩两国针对准用着色剂收录情况相差较大，但共同收录的组分在适用范围、限量方面较为一致。值得注意的是，溶剂红 23 在《化妆品安全技术规范》（2015 年版）中明确禁用，但在韩国《化妆品着色剂种类、标准和试验方法》被允许用于除眼部和嘴部之外的其他化妆品，两者区别较大。而碱性红 76、碱性黄 87、碱性红 51、碱性橙 31、分散紫 1、HC 红 1、2- 氨基 -6- 氯 -4- 硝基苯酚、4- 羟丙氨基 -3- 硝基苯酚、分散黑 9、HC 橙 1 这 11 项准用着色剂虽未包括在中国的准用着色剂表中，但在准用染发剂表中收录。

中、韩两国化妆品准用着色剂比对见表 3-9。

表 3-5　化妆品准用防腐剂

序号	中文名称	英文名称	CAS 号	韩国限量	中国限量	备注
1	戊二醛	Glutaral(glutaraldehyde)	111-30-8	0.1%	与韩国一致	禁用于喷雾产品
2	脱氢乙酸及其盐类	Dehydroacetic acid,and its salts	520-45-6，4418-26-2，16807-48-0	总量 0.6%（以酸计）	与韩国一致	禁用于喷雾产品
3	二甲基噁唑烷	4,4-Dimethyl 1,3-oxazolidine	51200-87-4	0.05%	0.1%	韩国：pH＞6 中国：pH≥6
4	二溴己脒及其盐类，包括二溴己脒羟乙磺酸盐	Dibromohexamidine and its salts and its salts(including isethionate)	93856-83-8	总量 0.1%（以二溴己脒计）	与韩国一致	
5	双（羟甲基）咪唑烷基脲	Diazolidinyl urea	78491-02-8	0.5%	与韩国一致	
6	DMDM 乙内酰脲	DMDM hydantoin	6440-58-0	0.6%	与韩国一致	
7	2,4- 二氯苯甲醇	2,4-Dichlorobenzyl alcohol	1777-82-8	0.15%	与韩国一致	
8	3,4- 二氯苯甲醇	3,4-Dichlorobenzyl alcohol		0.15%		
9	甲基异噻唑啉酮	Methylisothiazolinone	2682-20-4	淋洗类产品 0.0015%	0.01%	韩国：其他产品中禁止使用，禁止与甲基氯异噻唑啉酮和甲基异噻唑啉酮的混合物一起使用
10	甲基氯异噻唑啉酮和甲基异噻唑啉酮的混合物	Methylchloroisothiazolinone (and) Methylisothiazolinone	26172-55-4，2682-20-4，55965-84-9	淋洗类产品 0.0015%	与韩国一致	韩国：其他产品中禁止使用，甲基氯异噻唑啉酮：甲基异噻唑啉酮为 3：1 中国：不能和甲基异噻唑啉酮同时使用，甲基氯异噻唑啉酮：甲基异噻唑啉酮为 3：1

表 3-5（续）

序号	中文名称	英文名称	CAS 号	韩国限量	中国限量	备注
11	乌洛托品	Methenamine	100-97-0	0.15%	禁用	
12	无机亚硫酸盐类和亚硫酸氢盐类	Inorganic sulfites and hydrogen sulfites		总量 0.2%（以游离 SO_2 计）	与韩国一致	作为其他准用组分的规定见表 3-8
13	苯扎氯铵，苯扎溴铵，苯扎糖精铵	Benzalkonium chloride,bromide and saccharinate	8001-54-5，63449-41-2，91080-29-4，68989-01-5，68424-85-1，68391-01-5，61789-71-7，85409-22-9	淋洗类产品 0.1% 其他产品 0.05%	总量 0.1%（以苯扎氯铵计）	
14	苄索氯铵	Benzethonium chloride	121-54-0	0.1%	与韩国一致	韩国：禁止在黏膜上使用的产品中使用
15	苯甲酸及其盐类和酯类	Benzoic acid and its salts and esters	65-85-0，532-32-1，1863-63-4，2090-05-3，582-25-2，553-70-8，4337-66-0，93-58-3，93-89-0，2315-68-6，136-60-7，120-50-3，939-48-0，93-99-2	0.5%（以酸计） 淋洗类产品苯甲酸及其钠盐总量 2.5%（以酸计）	总量 0.5%（以酸计）	中国：作为其他准用组分的规定见表 3-8
16	苯甲醇	Benzyl alcohol	100-51-6	1.0% 染发产品中作为溶剂使用 10%	1.0%	中国：作为其他准用组分的规定见表 3-8

表 3-5（续）

序号	中文名称	英文名称	CAS 号	韩国限量	中国限量	备注
17	甲醛苄醇半缩醛	Benzylhemiformal	14548-60-8	淋洗类产品 0.15%	与韩国一致	韩国：其他产品中禁止使用
18	硼砂	Borax		作为蜂蜡、白蜡硫化使用 0.76%（不能超过蜂蜡、白蜡用量 1/2）		韩国：其他产品中禁止使用
19	5-溴-5-硝基-1,3-二噁烷	5-Bromo-5-nitro-1,3-dioxane	30007-47-7	淋洗类产品 0.1%	与韩国一致	韩国：其他产品中禁止使用；避免形成亚硝胺 中国：避免形成亚硝胺
20	2-溴-2-硝基丙烷-1,3 二醇	Bronopol	52-51-7	0.1%	与韩国一致	避免形成亚硝胺
21	溴氯芬	Bromochlorophene	15435-29-7	0.1%	与韩国一致	
22	邻苯基苯酚及其盐类	*o*-Phenylphenol (biphenyl-2-ol) and its salts	90-43-7	0.15%（以苯酚计）	总量 0.2%（以苯酚计）	
23	水杨酸及其盐类	Salicylic acid and its salts	69-72-7，824-35-1，18917-89-0，59866-70-5，54-21-7，578-36-9，2174-16-5	总量 0.5%（以酸计）		韩国：除香波外，不得用于 13 岁以下儿童使用的产品中 中国：除香波外，不得用于 3 岁以下儿童使用的产品中
24	西吡氯铵	Cetylpyridinium chloride		0.08%		
25	月桂酰肌氨酸钠	Sodium lauroyl sarcosine		淋洗类产品准用		其他产品中禁止使用

表 3-5（续）

序号	中文名称	英文名称	CAS 号	韩国限量	中国限量	备注
26	碘酸钠	Sodium iodate	7681-55-2	淋洗类产品 0.1%	禁用	韩国：其他产品中禁止使用
27	羟甲基甘氨酸钠	Sodiumhydroxymethylglycinate	70161-44-3	0.5%	与韩国一致	
28	山梨酸及其盐类	Sorbic acid(hexa-2,4-dienoic acid)and its salts	110-44-1，7492-55-9，7757-81-5，24634-61-5	总量 0.6%（以酸计）	与韩国一致	
29	碘丙炔醇丁基氨甲酸酯	Iodopropynyl butylcarbamate	55406-53-6	淋洗类产品 0.02%	与韩国一致	韩国：不得用于 13 岁以下儿童使用的产品中（沐浴剂和香波除外）；禁止用于唇部产品，禁用于喷雾产品，禁止用于体霜和体乳 中国：不得用于 3 岁以下儿童使用的产品中（沐浴剂和香波除外）；禁止用于唇部产品
				驻留类产品 0.01%	与韩国一致	韩国：不得用于 3 岁以下儿童使用的产品中；禁止用于唇部产品，禁用于喷雾产品，禁止用于体霜和体乳 中国：不得用于 3 岁以下儿童使用的产品中；禁止用于唇部产品；禁止用于体霜和体乳

表 3-5（续）

序号	中文名称	英文名称	CAS 号	韩国限量	中国限量	备注
29	碘丙炔醇丁基氨甲酸酯	Iodopropynyl butylcarbamate	55406-53-6	除臭产品和抑汗产品 0.0075%	与韩国一致	韩国：不得用于 3 岁以下儿童使用的产品中；禁止用于唇部产品，禁用于喷雾产品，禁止用于体霜和体乳 中国：不得用于 3 岁以下儿童使用的产品中；禁止用于唇部产品
30	月桂基异喹啉氮鎓溴化物	Lauryl isoquinoline azonium bromide		驻留类产品 0.05%		
31	烷基（C_{12}-C_{22}）三甲基铵溴化物或氯化物	Alkyl (C_{12}-C_{22}) trimethyl ammonium,bromide and chloride		0.1%（除发用产品）	总量 0.1%	作为其他准用组分的规定见表 3-8
32	月桂酰精氨酸乙酯盐酸盐	Ethyl lauroyl arginate HCl	60372-77-2	0.4%	与韩国一致	禁止在嘴部使用的产品及喷雾中使用
33	MDM 乙内酰脲	MDM hydantoin		0.2%		
34	烷基二氨基乙基甘氨酸盐酸溶液（30%）	Alkyldiaminoethylglycine hydrochloride solution (30%)		0.3%		
35	十一烯酸及其盐类及单乙醇酰胺	Undec-10-enoic acid and its salts	112-38-9，6159-41-7，3398-33-2，1322-14-1，84471-25-0，56532-40-2	淋洗类产品 0.2%	总量 0.2%（以酸计）	韩国：其他产品中禁止使用
36	咪唑烷基脲	Imidazolidinyl urea	39236-46-9	0.6%	与韩国一致	

表 3-5（续）

序号	中文名称	英文名称	CAS 号	韩国限量	中国限量	备注
37	邻伞花烃 -5- 醇	4-Isopropyl-*m*-cresol	3228-02-2	0.1%	与韩国一致	
38	吡硫鎓锌	Pyrithione zinc	13463-41-7	淋洗类产品 0.5%	与韩国一致	韩国：其他产品中禁止使用
39	季铵盐 -15	Quaternium-15	51229-78-8	0.2%	禁用	
40	三氯叔丁醇	Chlorobutanol	57-15-8	0.5%	与韩国一致	禁用于喷雾产品
41	氯二甲酚	Chloroxylenol	88-04-0	0.5%	与韩国一致	
42	对氯间甲酚	*p*-Chloro-*m*-cresol	59-50-7	0.04%	0.2%	禁用于接触黏膜的产品
43	苄氯酚	Chlorophene (2-Benzyl-4-chlorophenol)	120-32-1	0.05%	禁用	
44	氯苯甘醚	Chlorphenesin	104-29-0	0.3%	与韩国一致	
45	氯己定及其二葡萄糖酸盐，二醋酸盐和二盐酸盐	Chlorhexidine and its digluconate,diacetate and dihydrochloride	55-56-1，56-95-1，18472-51-0，3697-42-5	淋洗类产品 0.1%（以氯己定计，不用于黏膜） 其他产品 0.05%（以氯己定计）	总量 0.3%（以氯己定计）	
46	氯咪巴唑	Climbazole	38083-17-9	发用产品 0.5%	0.5%	韩国：其他产品中禁止使用
47	四溴邻甲酚	Tetrabromo-*o*-cresol		0.3%		

表 3-5（续）

序号	中文名称	英文名称	CAS 号	韩国限量	中国限量	备注
48	三氯生	Triclosan	3380-34-5	洗手皂、浴皂、沐浴液、除臭剂（非喷雾）、化妆粉及遮瑕剂、指甲清洁剂 0.3%	与韩国一致	韩国：其他产品中禁止使用 中国：指甲清洁剂的使用频率不得高于 2 周 1 次
49	三氯卡班	Triclocarban	101-20-2	0.2%	与韩国一致	纯度标准：3,3′,4,4′- 四氯偶氮苯小于 1 mg/kg；3,3′,4,4′- 四氯氧化偶氮苯小于 1 mg/kg
50	苯氧乙醇	Phenoxyethanol	122-99-6	1.0%	与韩国一致	
51	苯氧异丙醇	Phenoxyisopropanol	770-35-4	淋洗类产品 1.0%	与韩国一致	韩国：其他产品中禁止使用
52	甲酸及其钠盐	Formic acid and its sodium salt	64-18-6，141-53-7	总量 0.5%（以酸计）	与韩国一致	
53	聚氨丙基双胍	Polyaminopropyl biguanide	70170-61-5，28757-47-3，133029-32-0	0.05%	0.3%	禁用于喷雾产品
54	丙酸及其盐类	Propionic acid and its salts	79-09-4，17496-08-1，4075-81-4，557-27-7，327-62-8，137-40-6	总量 0.9%（以酸计）	总量 2%（以酸计）	
55	吡罗克酮和吡罗克酮乙醇胺盐	1-Hydroxy-4-methyl-6(2,4,4-trimet hylpentyl)2-pyridon and its monoethanolamine salt	50650-76-5，68890-66-4	淋洗类产品总量 1.0%；其他产品 0.5%	与韩国一致	

表 3-5（续）

序号	中文名称	英文名称	CAS 号	韩国限量	中国限量	备注
56	吡啶 -2- 醇，1- 氧化物	Pyridine-2-ol,1-oxide		0.5%		
57	4- 羟基苯甲酸及其盐类和酯类	4-Hydroxybenzoic acid and its salts and esters	99-96-7，99-76-3，36457-19-9，16782-08-4，5026-62-0，35285-68-8，120-47-8，114-63-6，26112-07-2，69959-44-0，94-26-8，94-13-3，35285-69-9，36457-20-2，38566-94-8，84930-16-5	单一酯 0.4%（以酸计）；混合酯 0.8%（以酸计）	单一酯 0.4%（以酸计）；混合酯总量 0.8%（以酸计）；且其丙酯、丁酯及其盐类之和 0.14%（以酸计）	中国：不包括 4- 羟基苯甲酸异丙酯及其盐，4- 羟基苯甲酸异丁酯及其盐，4- 羟基苯甲酸苯酯，4- 羟基苯甲酸苄酯及其盐，4- 羟基苯甲酸戊酯及其盐
58	海克替啶	Hexetidine(5-pyrimidinamine)	141-94-6	淋洗类产品 0.1%	0.1%	韩国：其他产品中禁止使用
59	己脒定及其盐，包括己脒定二个羟乙基磺酸盐和己脒定对羟基苯甲酸盐	Hexamidine and its salts(including diisethionate and *p*-hydroxybenzoate)	3811-75-4，659-40-5，93841-83-9	总量 0.1%（以己脒定计）	与韩国一致	
韩国没有规定，中国列入准用防腐剂组分的物质						
1	7- 乙基双环噁唑烷	7-Ethylbicyclooxazolidine	7747-35-5		0.3%	中国：禁用于接触黏膜的产品

表 3-5（续）

序号	中文名称	英文名称	CAS 号	韩国限量	中国限量	备注
2	苯汞的盐类，包括硼酸苯汞	Phenylmercuric salts(including borate)	62-38-4，94-43-9		眼部化妆品总量 0.007%（以 Hg 计），如果同其他汞化合物混合，Hg 的最大浓度仍为 0.007%	
3	沉积在二氧化钛上的氯化银	Silver chloride deposited on titanium dioxide	7783-90-6		0.004%（以 AgCl 计）	中国：沉积在二氧化钛上的 20%（质量分数）氯化银，禁用于 3 岁以下儿童使用的产品、眼部及口唇产品
4	硫柳汞	Thiomersal	54-64-8		眼部化妆品总量 0.007%（以 Hg 计），如果同其他汞化合物混合，Hg 的最大浓度仍为 0.007%	

注：在中国，表中“盐类”指该物质与阳离子钠、钾、钙、镁、铵和醇胺成的盐类，或指该物质与阴离子所成的氯化物、溴化物、硫酸盐和醋酸盐等类；“酯类”指甲基、乙基、丙基、异丙基、丁丙基、异丁基和苯基酯。

表 3-6　化妆品准用防晒剂

序号	中文名称	英文名称	CAS 号	韩国限量	中国限量	备注
1	甲酚曲唑三硅氧烷	Drometrizole trisiloxane	155633-54-8	15%	与韩国一致	
2	甲酚曲唑	Drometrizole		1.0%		
3	棓酰棓酸三油酸酯	Digalloyl trioleate		5%		
4	苯基二苯并咪唑四磺酸酯二钠	Disodium phenyl dibenzimidazole tetrasulfonate	180898-37-7	10%（以酸计）	与韩国一致	
5	二乙基己基丁酰胺基三嗪酮	Diethylhexyl butamido triazone	154702-15-5	10%	与韩国一致	
6	二乙氨羟苯甲酰基苯甲酸己酯	Diethylamino hydroxybenzoyl hexyl benzoate	302776-68-7	10%	与韩国一致	
7	2-羟基-1,4-萘醌和二羟丙酮的混合物	Mixture of 2-hydroxy-1,4-naphthoquinone and dihydroxyacetone		2-羟基-1,4-萘醌 0.25%，二羟丙酮 3%		
8	亚甲基双-苯并三唑基四甲基丁基酚	Methylene *bis*-benzotriazolyl tetramethylbutylphenol	103597-45-1	10%	与韩国一致	
9	4-甲基苄亚基樟脑	4-Methylbenzylidene camphor	38102-62-4，36861-47-9	4%	与韩国一致	
10	薄荷醇邻氨基苯甲酸酯	Menthyl anthranilate		5%		
11	二苯酮-3	Benzophenone-3	131-57-7	5%	10%	
12	二苯酮-4	Benzophenone-4	4065-45-6	5%	二苯酮-4，二苯酮-5 总量 5%（以酸计）	
13	二苯酮-8	Benzophenone-8		3%		

表 3-6（续）

序号	中文名称	英文名称	CAS 号	韩国限量	中国限量	备注
14	丁基甲氧基二苯甲酰基甲烷	Butyl methoxydibenzoylmethane	70356-09-1	5%	与韩国一致	
15	双－乙基己氧苯酚甲氧苯基三嗪	Bis-ethylhexyloxyphenol methoxyphenyl triazine	187393-00-6	10%	与韩国一致	
16	西诺沙酯	Cinoxate		5%		
17	二羟丙基 PABA 乙酯	Ethyl dihydroxypropyl PABA		5%		
18	奥克立林	Octocrylene	6197-30-4	10%	10%（以酸计）	
19	二甲基 PABA 乙基己酯	Ethylhexyl dimethyl PABA	21245-02-3	8%	与韩国一致	
20	甲氧基肉桂酸乙基己酯	Ethylhexyl methoxycinnamate	5466-77-3	7.5%	10%	
21	水杨酸乙基己酯	Ethylhexyl salicylate	118-60-5	5%	与韩国一致	
22	乙基己基三嗪酮	Ethylhexyl triazone	88122-99-0	5%	与韩国一致	
23	对甲氧基肉桂酸异戊酯	Isoamyl *p*-methoxycinnamate	71617-10-2	10%	与韩国一致	
24	聚硅氧烷 -15	Polysilicone-15	207574-74-1	10%	与韩国一致	
25	氧化锌	Zinc oxide	1314-13-2	25%	与韩国一致	
26	对苯二亚甲基二樟脑磺酸及其盐类	Terephthalylidene dicamphor sulfonic acid	92761-26-7，90457-82-2	10%（以酸计）	总量 10%（以酸计）	
27	水杨酸三乙醇胺盐	Triethanolamine salicylate		12%		
28	二氧化钛	Titanium dioxide	13463-67-7，1317-70-0，1317-80-2	25%	与韩国一致	中国：作为着色剂的规定见表 3-9；防晒类化妆品中该组分的总使用量不应超过 25%

表 3-6（续）

序号	中文名称	英文名称	CAS 号	韩国限量	中国限量	备注
29	苯基苯并咪唑磺酸	2-Phenylbenzimidazole 5-sulfonic acid	27503-81-7	4%	苯基苯并咪唑磺酸及其钾、钠和三乙醇胺盐，总量 8%（以酸计）	中国：苯基苯并咪唑磺酸及其钾、钠和三乙醇胺盐
30	胡莫柳酯	Homosalate	118-56-9	10%	与韩国一致	
韩国没有规定，中国列入准用防晒剂组分的物质						
1	亚苄基樟脑磺酸及其盐类	Benzylidene camphor sulfonic acid and its salts	56039-58-8		6%（以酸计）	
2	樟脑苯扎铵甲基硫酸盐	Camphor benzalkonium methosulfate	52793-97-2		6%	
3	PEG-25 对氨基苯甲酸	PEG-25 PABA	116242-27-4		10%	
4	聚丙烯酰胺甲基亚苄基樟脑	Polyacrylamidomethyl benzylidene camphor	113783-61-2		6%	

注：在韩国，以防止变色为目的，在产品中的含量不到 0.5% 时，不认为其是防晒产品。“盐类”指阳离子盐的钠、钾、钙、镁、铵及乙醇胺，阴离子盐的氯化物、溴化物、硫酸盐及醋酸酯。

在中国，表中防晒剂可在相应限量和使用条件下加入到其他化妆品产品中。仅仅为了保护产品免受紫外线损害而加入到非防晒类化妆品中的其他防晒剂可不受此表限制，但其使用量须经安全性评估证明是安全的。

表 3-7　化妆品准用染发剂

序号	中文名称	英文名称	CAS 号	韩国限量	中国限量	备注
1	4- 硝基邻苯二胺	4-Nitro-*o*-phenylenediamine	99-56-9	氧化型染发产品 1.5%	氧化型染发产品 0.5%	韩国：其他产品中禁止使用
2	硝基对苯二胺	Nitro-*p*-phenylenediamine	5307-14-2，18266-52-9	氧化型染发产品 3.0%	2- 硝基对苯二胺及其盐类禁用	韩国：其他产品中禁止使用
3	2- 甲基 -5- 羟乙氨基苯酚	2-Methyl-5-hydroxyethyl aminophenol	55302-96-0	氧化型染发产品 0.5%	氧化型染发产品 1.0%	韩国：其他产品中禁止使用 中国：不和亚硝基化体系一起使用；亚硝胺最大含量 50 mg/kg；存放于无亚硝酸盐的容器内
4	2- 氨基 -4- 硝基苯酚	2-Amino-4-nitrophenol	99-57-0	氧化型染发产品 2.5%	禁用	韩国：其他产品中禁止使用
5	2- 氨基 -5- 硝基苯酚	2-Amino-5-nitrophenol	121-88-0	氧化型染发产品 1.5%	禁用	韩国：其他产品中禁止使用
6	5- 氨基邻甲酚	5-Amino-*o*-cresol		氧化型染发产品 1.0%		韩国：其他产品中禁止使用
7	间氨基苯酚	*m*-Aminophenol	591-27-5	氧化型染发产品 2.0%	氧化型染发产品 1.0%	韩国：其他产品中禁止使用
8	邻氨基苯酚	2-Aminophenol (*o*-Aminophenol)	95-55-6	氧化型染发产品 3.0%	邻氨基苯酚及其盐类禁用	韩国：其他产品中禁止使用
9	对氨基苯酚	*p*-Aminophenol	123-30-8	氧化型染发产品 0.9%	氧化型染发产品 0.5%	韩国：其他产品中禁止使用
10	2,4- 二氨基苯氧基乙醇盐酸盐	2,4-Diaminophenoxyet hanol HCl	70643-19-5，66422-95-5	氧化型染发产品 0.5%	氧化型染发产品 2.0%	韩国：其他产品中禁止使用

表 3-7（续）

序号	中文名称	英文名称	CAS 号	韩国限量	中国限量	备注
11	甲苯 -2,5- 二胺盐酸盐	Toluene-2,5-diamine HCl		氧化型染发产品 3.2%		韩国：其他产品中禁止使用
12	间苯二胺盐酸盐	*m*-Phenylenediamine HCl	108-45-2	氧化型染发产品 0.5%	间苯二胺及其盐类禁用	韩国：其他产品中禁止使用
13	对苯二胺盐酸盐	*p*-Phenylenediamine HCl	624-18-0	氧化型染发产品 3.3%	氧化型染发产品 2.0%（以游离基计）	韩国：其他产品中禁止使用
14	甲苯 -2,5- 二胺	Toluene-2,5-diamine	95-70-5	氧化型染发产品 2.0%	氧化型染发产品 4.0%	韩国：其他产品中禁止使用
15	间苯二胺	*m*-Phenylenediamine	108-45-2	氧化型染发产品 1.0%	间苯二胺及其盐类禁用	韩国：其他产品中禁止使用
16	对苯二胺	*p*-Phenylenediamine	106-50-3	氧化型染发产品 2.0%	与韩国一致	韩国：其他产品中禁止使用
17	*N*- 苯基对苯二胺及其盐类	*N*-Phenyl-*p*-phenylenediamine and its salts		氧化型染发产品 2.0%	氧化型染发产品 3.0%（以游离基计）	韩国：其他产品中禁止使用
18	苦氨酸	Picramic acid		氧化型染发产品 0.6%		韩国：其他产品中禁止使用
19	4- 硝基邻苯二胺硫酸盐	4-Nitro-*o*-phenylenediamine sulfate		氧化型染发产品 2.0%	氧化型染发产品 0.5%（以游离基计）	韩国：其他产品中禁止使用
20	对甲基氨基苯酚及其盐类	*p*-Methylaminophenol and its salts		氧化型染发产品 0.68%（以硫酸盐计）	与韩国一致	韩国：其他产品中禁止使用 中国：不和亚硝基化体系一起使用，亚硝胺最大含量 50 μg/kg，存放于无亚硝酸盐的容器内

表 3-7（续）

序号	中文名称	英文名称	CAS 号	韩国限量	中国限量	备注
21	5- 氨基邻甲酚硫酸盐	5-Amino-*o*-cresol sulfate		氧化型染发产品 4.5%		韩国：其他产品中禁止使用
22	间氨基苯酚硫酸盐	*m*-Aminophenol sulfate	68239-81-6	氧化型染发产品 2.0%	氧化型染发产品 1.0%（以游离基计）	韩国：其他产品中禁止使用
23	邻氨基苯酚硫酸盐	*o*-Aminophenol sulfate	67845-79-8	氧化型染发产品 3.0%	邻氨基苯酚及其盐类禁用	韩国：其他产品中禁止使用
24	对氨基苯酚硫酸盐	*p*-Aminophenol sulfate		氧化型染发产品 1.3%	氧化型染发产品 0.5%（以游离基计）	韩国：其他产品中禁止使用
25	甲苯 -2,5- 二胺硫酸盐	Toluene-2,5-diamine sulfate	615-50-9	氧化型染发产品 3.6%	氧化型染发产品 4.0%（以游离基计）	韩国：其他产品中禁止使用
26	间苯二胺硫酸盐	*m*-Phenylenediamine sulfate		氧化型染发产品 3.0%	间苯二胺及其盐类禁用	韩国：其他产品中禁止使用
27	对苯二胺硫酸盐	*p*-Phenylenediamine sulfate		氧化型染发产品 3.8%	氧化型染发产品 2.0%（以游离基计）	韩国：其他产品中禁止使用；
28	*N*, *N*- 双（2- 羟乙基）对苯二胺硫酸盐	*N*, *N*-*bis*(2-Hydroxyethyl)-*p*-phenylenediamine sulfate	54381-16-7	氧化型染发产品 2.9%	氧化型染发产品 2.5%（以硫酸盐计）	韩国：其他产品中禁止使用 中国：不要和亚硝基体系一起使用，亚硝胺最大含量 50 μg/kg，存放于无亚硝酸盐的容器内
29	2,6- 二氨基吡啶	2,6-Diaminopyridine	141-86-6	氧化型染发产品 0.15%	与韩国一致	韩国：其他产品中禁止使用
30	2,4- 二氨基苯酚盐酸盐	2,4-Diaminophenol HCl	137-09-7	氧化型染发产品 0.5%	2,4- 二氨基苯酚及其盐酸盐禁用	韩国：其他产品中禁止使用

表 3-7（续）

序号	中文名称	英文名称	CAS 号	韩国限量	中国限量	备注
31	1,5- 萘二酚	1,5-Dihydroxynaphthalene (1,5-naphthalenediol)	83-56-7	氧化型染发产品 0.5%	氧化型染发产品 0.5% 非氧化型染发产品 1.0%	韩国：其他产品中禁止使用
32	苦氨酸钠	Sodium picramate	831-52-7	氧化型染发产品 0.6%	氧化型染发产品 0.05% 非氧化型染发产品 0.1%	韩国：其他产品中禁止使用
33	2- 氨基 -5- 硝基苯酚硫酸盐	2-Amino-5-nitrophenol sulfate		氧化型染发产品 1.5%	2- 氨基 -5- 硝基苯酚禁用	韩国：其他产品中禁止使用
34	2- 氯对苯二胺硫酸盐	2-Chloro-*p*-phenylenediamine sulfate		氧化型染发产品 1.5%	禁用	韩国：其他产品中禁止使用
35	1- 萘酚	1-Naphthol	90-15-3	氧化型染发产品 2.0%	氧化型染发产品 1.0%	韩国：其他产品中禁止使用
36	间苯二酚	Resorcinol	108-46-3	氧化型染发产品 2.0%	氧化型染发产品 1.25%	
37	2- 甲基间苯二酚	2-Methylresorcinol	608-25-3	氧化型染发产品 0.5%	氧化型染发产品 1.0% 非氧化型染发产品 1.8%	韩国：其他产品中禁止使用
38	没食子酸	Gallic acid		氧化型染发产品 4.0%		
39	儿茶酚（邻苯二酚）	Catechol (pyrocatechol)	120-80-9	氧化型染发产品 1.5%	禁用	韩国：其他产品中禁止使用

表 3-7（续）

序号	中文名称	英文名称	CAS 号	韩国限量	中国限量	备注
40	焦棓酚	Pyrogallol	87-66-1	氧化型染发产品 2.0% 非氧化型染发产品 2.0%	禁用	韩国：其他产品中禁止使用
41	过硼酸钠，一水过硼酸钠，过氧化氢，过碳酸钠	Sodium perborate, sodium perborate monohydrate, hydrogen peroxide, sodium percarbonate		染发产品中作为氧化剂使用时，产品中过氧化氢的浓度 12.0%	过氧化氢和其他释放过氧化氢的化合物或混合物在发用产品中：总量 12%（以存在或释放 H_2O_2 计）	
42	1,3- 双 -（2,4- 二氨基苯氧基）丙烷盐酸盐	1,3-*Bis*-(2,4-diaminophenoxy) propane HCl	74918-21-1	氧化型染发产品 1.2%	氧化型染发产品 1.0%（以游离基计） 非氧化型染发产品 1.2%（以游离基计）	韩国：其他产品中禁止使用
43	1,3- 双 -（2,4- 二氨基苯氧基）丙烷	1,3-*Bis*-(2,4-diaminophenoxy) propane	81892-72-0	氧化型染发产品 1.2%	氧化型染发产品 1.0% 非氧化型染发产品 1.2%	韩国：其他产品中禁止使用
44	2,4- 二氨基苯氧基乙醇硫酸盐	2,4-Diaminophenoxyethanol sulfate	70643-20-8	氧化型染发产品 0.5%（以盐酸盐计）	氧化型染发产品 2.0%（以盐酸盐计）	韩国：其他产品中禁止使用
45	2,6- 二羟乙基氨甲苯	2,6-Dihydroxyethylaminotoluene	149330-25-6	未明确限量	氧化型染发产品 1.0%	韩国：其他产品中禁止使用 中国：不和亚硝基化体系一起使用；亚硝胺最大含量 50 μg/kg，存放于无亚硝酸盐的容器内

表 3-7（续）

序号	中文名称	英文名称	CAS 号	韩国限量	中国限量	备注
46	2,6- 二甲氧基 -3,5- 吡啶二胺盐酸盐	2,6-Dimethoxy-3,5-pyridinediamine HCl	56216-28-5	氧化型染发产品 0.25%	与韩国一致	韩国：其他产品中禁止使用
47	2,7- 萘二酚	2,7-Naphthalenediol	582-17-2	1.0%	氧化型染发产品 0.5% 非氧化型染发产品 1.0%	韩国：其他产品中禁止使用
48	2- 氨基 -4- 羟乙氨基茴香醚	2-Amino-4-hydroxyethylaminoanisole	83763-47-7	氧化型染发产品 1.5%	氧化型染发产品 1.5%（以硫酸盐计）	韩国：其他产品中禁止使用 中国：不和亚硝基化体系一起使用；亚硝胺最大含量 50 μg/kg，存放于无亚硝酸盐的容器内
49	2- 氨基 -4- 羟乙氨基茴香醚硫酸盐	2-Amino-4-hydroxyethylaminoanisole sulfate	83763-48-8	氧化型染发产品 1.5%	氧化型染发产品 1.5%（以硫酸盐计）	韩国：其他产品中禁止使用 中国：不和亚硝基化体系一起使用；亚硝胺最大含量 50 μg/kg，存放于无亚硝酸盐的容器内
50	2- 氨基 -6- 氯 -4- 硝基苯酚	2-Amino-6-chloro-4-nitrophenol	6358-09-4	2.0%	氧化型染发产品 1.0% 非氧化型染发产品 2.0%	韩国：其他产品中禁止使用
51	2- 氨基 -6- 氯 -4- 硝基苯酚盐酸盐	2-Amino-6-chloro-4-nitrophenol HCl		2.0 %（以游离基计）	氧化型染发产品 1.0%（以游离基计） 非氧化型染发产品 2.0%（以游离基计）	韩国：其他产品中禁止使用

表 3-7（续）

序号	中文名称	英文名称	CAS 号	韩国限量	中国限量	备注
52	2- 羟乙基苦氨酸	2-Hydroxyethyl picramic acid	99610-72-7	氧化型染发产品 1.5% 非氧化型染发产品 2.0%	与韩国一致	韩国：其他产品中禁止使用 中国：不和亚硝基化体系一起使用；亚硝胺最大含量 50 μg/kg，存放于无亚硝酸盐的容器内
53	3- 硝基对羟乙氨基酚	3-Nitro-*p*-hydroxyethylaminophenol	65235-31-6	氧化型染发产品 3.0% 非氧化型染发产品 1.85%	与韩国一致	韩国：其他产品中禁止使用 中国：不和亚硝基化体系一起使用；亚硝胺最大含量 50 μg/kg，存放于无亚硝酸盐的容器内
54	4- 氨基 -3- 硝基苯酚	4-Amino-3-nitrophenol	610-81-1	氧化型染发产品 1.5% 非氧化型染发产品 1.0%	与韩国一致	韩国：其他产品中禁止使用
55	4- 氨基间甲酚	4-Amino-*m*-cresol	2835-99-6	氧化型染发产品 1.5%	与韩国一致	韩国：其他产品中禁止使用
56	4- 羟丙氨基 -3- 硝基苯酚	4-Hydroxypropylamino-3-nitrophenol	92952-81-3	2.6%	氧化型染发产品 2.6% 非氧化型染发产品 2.6%	韩国：其他产品中禁止使用 中国：不和亚硝基化体系一起使用，亚硝胺最大含量 50 μg/kg，存放于无亚硝酸盐的容器内
57	HC 蓝 7	HC Blue 7	90817-34-8	0.68%（以酸计），1.0%（以二盐酸盐计）	氧化型染发产品 0.68%（以游离基计） 非氧化型染发产品 0.68%（以游离基计）	韩国：其他产品中禁止使用 中国：不和亚硝基化体系一起使用；亚硝胺最大含量 50 μg/kg，存放于无亚硝酸盐的容器内

表 3-7（续）

序号	中文名称	英文名称	CAS 号	韩国限量	中国限量	备注
58	碱性橙 31	Basic Orange 31	97404-02-9	1%	氧化型染发产品 0.1% 非氧化型染发产品 0.2%	韩国：其他产品中禁止使用；作为着色剂的规定见表 3-9；仅用于染发产品，需备注焦油色素
59	碱性红 51	Basic Red 51	77061-58-6	1%	氧化型染发产品 0.1% 非氧化型染发产品 0.2%	韩国：其他产品中禁止使用；作为着色剂的规定见表 3-9；仅用于染发产品，需备注焦油色素
60	碱性红 76	Basic Red 76	68391-30-0	2%	非氧化型染发产品 2.0%	韩国：其他产品中禁止使用；作为着色剂的规定见表 3-9；仅用于染发产品，需备注焦油色素
61	碱性黄 87	Basic Yellow 87	68259-00-7	1%	氧化型染发产品 0.1% 非氧化型染发产品 0.2%	韩国：其他产品中禁止使用；作为着色剂的规定见表 3-9；仅用于染发产品，需备注焦油色素
62	分散黑 9	Disperse Black 9	20721-50-0	0.3%	非氧化型染发产品 0.3%	韩国：其他产品中禁止使用；作为着色剂的规定见表 3-9；仅用于染发产品，需备注焦油色素
63	分散紫 1	Disperse Violet 1	128-95-0	0.5%	非氧化型染发产品 0.5%	韩国：其他产品中禁止使用；作为着色剂的规定见表 3-9；仅用于染发产品，需备注焦油色素 中国：作为原料杂质分散红 15 应小于 1%

表 3-7（续）

序号	中文名称	英文名称	CAS 号	韩国限量	中国限量	备注
64	HC 橙 1	HC Orange 1	54381-08-7	1%	非氧化型染发产品 1.0%	韩国：其他产品中禁止使用；作为着色剂的规定见表 3-9；仅用于染发产品，需备注焦油色素
65	HC 红 1	HC Red 1	2784-89-6	1%	非氧化型染发产品 0.5%	韩国：其他产品中禁止使用；作为着色剂的规定见表 3-9；仅用于染发产品，需备注焦油色素
66	羟苯并吗啉	Hydroxybenzomorpholine	26021-57-8	氧化型染发产品 3.0%	氧化型染发产品 1.0%	韩国：其他产品中禁止使用 中国：不和亚硝基化体系一起使用；亚硝胺最大含量 50 μg/kg，存放于无亚硝酸盐的容器内
67	羟乙基 -2- 硝基对甲苯胺	Hydroxyethyl-2-nitro-*p*-toluidine	100418-33-5	1.0%	氧化型染发产品 1.0% 非氧化型染发产品 1.0%	韩国：其他产品中禁止使用 中国：不和亚硝基化体系一起使用；亚硝胺最大含量 50 μg/kg，存放于无亚硝酸盐的容器内
68	羟乙基 -3,4- 亚甲二氧基苯胺盐酸盐	Hydroxyethyl-3,4-methylenedioxyaniline HCl	94158-14-2	氧化型染发产品 1.5%	与韩国一致	韩国：其他产品中禁止使用 中国：不和亚硝基化体系一起使用；亚硝胺最大含量 50 μg/kg，存放于无亚硝酸盐的容器内
69	羟丙基双（*N*- 羟乙基对苯二胺）盐酸盐	Hydroxypropyl *bis* (*N*-hydroxyethyl-*p*-phenylenediamine) HCl	128729-28-2	氧化型染发产品 0.4%（以四盐酸盐计）	与韩国一致	韩国：其他产品中禁止使用

表 3-7（续）

序号	中文名称	英文名称	CAS 号	韩国限量	中国限量	备注
70	苯基甲基吡唑啉酮	Phenyl methyl pyrazolone	89-25-8	氧化型染发产品 0.25%	与韩国一致	韩国：其他产品中禁止使用
71	2,3- 二氢 -1 氢 - 吲哚 -5,6- 二醇及其溴化氢盐	2,3-Dihydro-1H-indole-5,6-diol and its HBr salts		非氧化型染发产品 2.0%		韩国：其他产品中禁止使用
72	1- 氨基 -2- 硝基 -4-（2′,3′- 二羟丙基）氨基 -5- 氯苯和 1,4- 双 -（2′,3′- 二羟丙基）氨基 -2- 硝基 -5- 氯苯及其盐类（如：HC 红 10 和 HC 红 11）	1-Amino-2-nitro-4-(2′,3′-dihydroxypropyl) amino-5-chlorobenzene and 1,4-*bis*-(2′,3′-dihydroxypropyl)amino-2-nitro-5-chlorobenzene) and its salts(e.g. HC Red 10, HC Red 11)		氧化型染发产品 1.0% 非氧化型染发产品 2.0%		韩国：其他产品中禁止使用
73	HC 红 13 及其盐酸盐	HC Red 13 and its hydrochloride	29705-39-3，94158-13-1	氧化型染发产品 1.5%（以盐酸盐计） 非氧化型染发产品 1.0%（以盐酸盐计）		韩国：其他产品中禁止使用
74	3- 氨基 -2,4- 二氯苯酚及其硫酸盐类	3-Amino-2,4-dichlorophenol and its sulfate		氧化型染发产品 1.5%		韩国：其他产品中禁止使用
75	2-((4- 氨基 -2- 甲基 -5- 硝基苯基）氨基）乙醇及其盐类（如：HC 紫 1）	2-((4-Amino-2-methyl-5-nitrophenyl)amino)ethanol and its salts(e.g. HC Violet 1)		氧化型染发产品 0.25% 非氧化型染发产品 0.28%		韩国：其他产品中禁止使用

表 3-7（续）

序号	中文名称	英文名称	CAS 号	韩国限量	中国限量	备注
76	1-（2-氨乙基）氨基-4-（2-羟乙基）氧基-2-硝基苯及其盐类（如：HC 橙 2）	1-(2-Aminoethyl)amino-4-(2-hydroxyethyl)oxy-2-nitrobenzene and its salts(e.g. HC Orange 2)		非氧化型染发产品 1.0%		韩国：其他产品中禁止使用
77	2-氯-6-乙氨基-4-硝基苯酚及其盐类	2-Chloro-6- ethylamino-4-nitrophenol and its salts		氧化型染发产品 1.5% 非氧化型染发产品 3.0%		韩国：其他产品中禁止使用
78	2,2′-（(4-（(2-羟乙基）氨基）-3-硝基苯基）亚氨基）双乙醇及其盐类（如：HC 蓝 2）	2,2′-((4-((2-Hydroxyethyl)amino)-3-nitrophenyl)imino)bisethanol(e.g. HC Blue 2)		非氧化型染发产品 2.8%		韩国：其他产品中禁止使用
79	1-（3-羟丙氨基）-2-硝基-4-双（2-羟乙氨基）苯及其盐类（如：HC 紫 2）	1-(3-Hydroxypropylamino)-2-nitro-4-bis(2-hydroxyethylamino)benzene and its salts(e.g. HC Violet 2)		非氧化型染发产品 2.0%		韩国：其他产品中禁止使用
80	散沫花叶提取物	Lawsonia Inermis leaf extract				韩国：其他产品中禁止使用
81	2-氨基-3-羟基吡啶	2-Amino-3-hydroxypyridine	16867-03-1	氧化型染发产品 1.0%	与韩国一致	韩国：其他产品中禁止使用

表 3-7（续）

序号	中文名称	英文名称	CAS 号	韩国限量	中国限量	备注
82	5-氨基-6-氯-邻甲酚	5-Amino-6-chloro-*o*-cresol	84540-50-1	氧化型染发产品 1.0%	氧化型染发产品 1.0%，非氧化型染发产品 0.5%	韩国：其他产品中禁止使用
83	1-羟乙基-4,5-二氨基吡唑硫酸盐	1-Hydroxyethyl 4,5-diaminopyrazole sulfate	155601-30-2	氧化型染发产品 3.0%	氧化型染发产品 1.125%	韩国：其他产品中禁止使用
84	6-羟基吲哚	6-Hydroxyindole	2380-86-1	氧化型染发产品 0.5%	与韩国一致	韩国：其他产品中禁止使用
韩国没有规定，中国列入准用染发剂组分的物质						
1	2,6-二氨基吡啶硫酸盐	2,6-Diaminopyridine sulfate			氧化型染发产品 0.002%（以游离基计）	
2	4-氨基-2-羟基甲苯	4-Amino-2-hydroxytoluene	2835-95-2		氧化型染发产品 1.5%	
3	4-氯间苯二酚	4-Chlororesorcinol	95-88-5		氧化型染发产品 0.5%	
4	5-氨基-4-氯邻甲酚	5-Amino-4-chloro-*o*-cresol	110102-86-8		氧化型染发产品 1.0%	
5	5-氨基-4-氯邻甲酚盐酸盐	5-Amino-4-chloro-*o*-cresol HCl	110102-85-7		氧化型染发产品 1.0%（以游离基计）	

表 3-7（续）

序号	中文名称	英文名称	CAS 号	韩国限量	中国限量	备注
6	6-氨基间甲酚	6-Amino-*m*-cresol	2835-98-5		氧化型染发产品 1.2% 非氧化型染发产品 2.4%	
7	酸性紫 43 号	Acid Violet 43	4430-18-6		非氧化型染发产品 1.0%	韩国：作为着色剂的规定见表 3-9 中国：作为着色剂的规定见表 3-9；所用染料纯度不得<80%，其杂质含量必须符合以下要求：挥发性成分（135 ℃）及氯化物和硫酸盐（以钠盐计）<18%，水不溶物不得<0.4%，1-羟基-9，10-蒽二酮<0.2%，对甲苯胺<0.1%，对甲苯胺磺酸钠<0.2%，其他染料<1%，铅<20 mg/kg，砷<3 mg/kg，汞<1 mg/kg
8	HC 红 3 号	HC Red 3	2871-01-4		非氧化型染发产品 0.5%	中国：不和亚硝基化体系一起使用；亚硝胺最大含量 50 μg/kg，存放于无亚硝酸盐的容器内
9	HC 黄 2 号	HC Yellow 2	4926-55-0		氧化型染发产品 0.75% 非氧化型染发产品 1.0%	中国：不和亚硝基化体系一起使用；亚硝胺最大含量 50 μg/kg，存放于无亚硝酸盐的容器内

表 3-7（续）

序号	中文名称	英文名称	CAS 号	韩国限量	中国限量	备注
10	HC 黄 4 号	HC Yellow 4	59820-43-8		非氧化型染发产品 1.5%	中国：不和亚硝基化体系一起使用；亚硝胺最大含量 50 μg/kg，存放于无亚硝酸盐的容器内
11	羟乙基对苯二胺硫酸盐	Hydroxyethyl-*p*-phenylenediamine sulfate	93841-25-9		氧化型染发产品 1.5%	
12	间氨基苯酚盐酸盐	*m*-Aminophenol HCl	51-81-0		氧化型染发产品 1.0%（以游离基计）	
13	对氨基苯酚盐酸盐	*p*-Aminophenol HCl	51-78-5		氧化型染发产品 0.5%（以游离基计）	
14	四氨基嘧啶硫酸盐	Tetraaminopyrimidine sulfate	5392-28-9		氧化型染发产品 2.5% 非氧化型染发产品 3.4%	

注：在中国，染发产品标签上必须标印的使用条件和注意事项：当与氧化剂配合使用时，应明确标注混比例；染发剂可能引起严重过敏反应，使用前请阅读说明书，并按照其要求使用；本产品不适合 16 岁以下消费者使用；如果不慎入眼，应立即冲洗；专业使用时，应戴合适手套；在下述情况下，请不要染色：面部有皮疹或头皮有过敏、炎症或破损；以前染发时曾有不良反应的经历，不可用于染眉毛和睫毛。

对苯二胺、对苯二胺盐酸盐、对苯二胺硫酸盐、甲苯 -2,5- 二胺、甲苯 -2,5- 二胺硫酸盐、*N, N*- 双（2- 羟乙基）对苯二胺硫酸盐、*N*- 苯基对苯二胺、*N*- 苯基对苯二胺盐酸盐、*N*- 苯基对苯二胺硫酸盐可单独或合并使用，其中每种成分在化妆品产品中的浓度与表中规定的最高限量浓度之比总量不得大于 1。

表 3-8　化妆品限用（其他准用）组分

序号	中文名称	英文名称	CAS 号	韩国限量	中国限量	备注
1	感光素			总量 0.002%		
2	生姜酊、斑蝥酊、辣椒酊			总量 1%		
3	过氧化氢和其他释放过氧化氢的化合物或混合物	Hydrogen peroxide,and other compounds or mixtures that release hydrogen peroxide		3%	发用产品总量 12%（以存在或释放的 H_2O_2 计）	韩国：其他产品中禁止使用
					肤用产品总量 4%（以存在或释放的 H_2O_2 计）	
				2%	指（趾）甲硬化产品总量 2%（以存在或释放的 H_2O_2 计）	
4	乙二醛	Glyoxal	107-22-2	0.01%		
5	α- 突厥酮	alpha-Damascone		0.02%		
6	二氨基嘧啶氧化物	Diaminopyrimidine oxide	74638-76-9	发用产品 1.5%	与韩国一致	韩国：其他产品中禁止使用
7	月桂醇聚醚 -8,9,10	Laureth-8,9,10		2%	仅指月桂醇聚醚 -9：驻留类产品 3.0%，淋洗类产品 4.0%	
8	间苯二酚	Resorcinol	108-46-3	0.1%	发露和香波 0.5%	作为染发剂的规定见表 3-7
9	δ- 突厥酮	Delta-damascone	57378-68-4	0.02%		
10	突厥酮	Damascenone	23696-85-7	0.02%		
11	玫瑰酮 -5	Rose ketone-5	33673-71-1	0.02%		

表 3-8（续）

序号	中文名称	英文名称	CAS 号	韩国限量	中国限量	备注
12	顺式 -*β*- 突厥酮	Cis-beta-damascone	23726-92-3	0.02%		
13	反式 -*α*- 突厥酮	Trans-alpha-damascone	24720-09-0	0.02%		
14	反式 -*β*- 突厥酮	Trans-beta-damascone	23726-91-2	0.02%		
15	反式 -*δ*- 突厥酮	Trans-delta-damascone	71048-82-3	0.02%		
16	异突厥酮	Isodamascone	39872-57-6	0.02%		
17	氢氧化锂	Lithium hydroxide	1310-65-2	头发烫直产品：4.5%	头发烫直产品：一般用 2%（以氢氧化钠重量计） 头发烫直产品：专业用 4.5%（以氢氧化钠重量计）	韩国：其他产品中禁止使用
				脱毛产品用 pH 调节剂	脱毛产品用 pH 调节剂	韩国：其他产品中禁止使用，pH＜12.7； 中国：pH≤12.7
					其他用途，如 pH 调节剂（仅用于淋洗类产品）	韩国：其他产品中禁止使用； 中国：pH≤11
18	麝香二甲苯	Musk xylene	81-15-2	香料原液的含量超过 8% 的香水产品 1.0%	香水 1.0%	
				香料原液的含量不超过 8% 的香水产品 0.4%	淡香水 0.4%	
				其他产品 0.03%	与韩国一致	

表 3-8（续）

序号	中文名称	英文名称	CAS 号	韩国限量	中国限量	备注
19	酮麝香	Musk ketone	81-14-1	香料原液的含量超过 8% 的香水产品 1.4%	香水 1.4%	
				香料原液的含量不超过 8% 的香水产品 0.56%	淡香水 0.56%	
				其他产品 0.042%	与韩国一致	
20	3- 甲基 -2- 壬烯腈	3-Methylnon-2-enenitrile	53153-66-5	0.2%		
21	2- 辛炔酸甲酯	Methyl 2-octynoate	111-12-6	0.01%（与辛炔羧酸甲酯合并使用时总量 0.01%，其中辛炔羧酸甲酯为 0.002%）		
22	辛炔羧酸甲酯	Methyl octine carbonate	111-80-8	0.002%（与 2- 辛炔酸甲酯合并使用时总量 0.01%）		
23	对甲基苯丙醛	*p*-Methylhydrocinnamic aldehyde	5406-12-2	0.2%		
24	甲基庚二烯酮	Methyl heptadienone	1604-28-0	0.002%		
25	甲氧基二环戊二烯醛	Methoxy dicyclopentadiene carboxaldehyde	86803-90-9	0.5%		

表 3-8（续）

序号	中文名称	英文名称	CAS 号	韩国限量	中国限量	备注
26	无机亚硫酸盐类和亚硫酸氢盐类	Inorganic sulphites and hydrogen-sulphites		氧化型染发产品总量 0.67%（以游离 SO_2 计）	与韩国一致 烫发产品（含拉直产品）总量 6.7%（以游离 SO_2 计） 面部用自动晒黑产品总量 0.45%（以游离 SO_2 计） 体用自动晒黑产品总量 0.40%（以游离 SO_2 计） 其他产品总量 0.2%（以游离 SO_2 计）	韩国：其他产品中禁用，作为防腐剂的规定见表 3-5 中国：作为防腐剂的规定见表 3-5
27	山嵛基三甲基氯化铵	Behentrimonium chloride	17301-53-0	淋洗类发用和染发产品：山嵛基三甲基氯化铵单独使用或西曲氯铵、硬脂基三甲基氯化铵和山嵛基三甲基氯化铵合并使用总量 5.0%，西曲氯铵和硬脂基三甲基氯化铵总量 2.5%	淋洗类产品：山嵛基三甲基氯化铵单独使用或西曲氯铵、硬脂基三甲基氯化铵和山嵛基三甲基氯化铵合并使用总量限量 5.0%，西曲氯铵和硬脂基三甲基氯化铵总量限量 2.5%	作为防腐剂的规定见表 3-5

表 3-8（续）

序号	中文名称	英文名称	CAS 号	韩国限量	中国限量	备注
27	山嵛基三甲基氯化铵	Behentrimonium chloride	17301-53-0	驻留类发用和染发产品：山嵛基三甲基氯化铵单独使用或西曲氯铵、硬脂基三甲基氯化铵和山嵛基三甲基氯化铵合并使用总量 3.0%，西曲氯铵和硬脂基三甲基氯化铵总量 1.0%	驻留类产品：0.25%（包括所有烷基（C_{12}-C_{22}）三甲基铵氯化物）	作为防腐剂的规定见表 3-5
28	4-叔丁基苯丙醛	4-tert-Butyldihydrocinnamaldehyde		0.6%		
29	二（羟甲基）亚乙基硫脲	Dimethylol ethylene thiourea	15534-95-9	发用产品 2%	与韩国一致	韩国：其他产品中禁止使用，禁用于喷雾产品 中国：禁用于喷雾产品
				指（趾）甲用产品 2%	与韩国一致	韩国：其他产品中禁止使用 中国：使用时产品的 pH 必须小于 4
30	维生素 E（生育酚）	Tocopherol		20%		
31	水杨酸及其盐类	Salicylic acid and its salts		淋洗类发用产品 3%	仅指水杨酸，淋洗类发用产品 3.0%	韩国：作为防腐剂的规定见表 3-5；除香波外，不得用于 3 岁以下儿童使用；作为功能性化妆品的有效成分使用，其他产品中禁止使用 中国：作为防腐剂的规定见表 3-5；除香波外，不得用于 3 岁以下儿童使用
				驻留类产品 2.0%	仅指水杨酸，驻留类产品和淋洗类肤用产品 2.0%	

表 3-8（续）

序号	中文名称	英文名称	CAS 号	韩国限量	中国限量	备注
32	西曲氯铵，硬脂基三甲基氯化铵	Cetrimonium chloride, Steartrimonium chloride	112-02-7，112-03-8	淋洗类发用和染发产品合并使用总量 2.5%	淋洗类发用产品：两者单独或合并使用总量 2.5%	作为防腐剂的规定见表 3-5
				驻留类发用和染发产品合并使用总量 1.0%	驻留类产品：0.25%（包括所有烷基（C_{12}-C_{22}）三甲基铵氯化物）	
33	亚硝酸钠	Sodium nitrite	7632-00-0	0.2%	防锈剂 0.2%	不可同仲链烷胺和（或）叔链烷胺或其他可形成亚硝胺的物质混用
34	苏合香油和提取物	Liquidambar orientalis oil and extract(styrax)	94891-27-7	0.6%		
35	水溶性锌盐（苯酚磺酸锌和吡啶鎓锌除外）	Water-soluble zinc salts with the exception of zinc 4-hydroxy-benzenesulphonate and zinc pyrithione		1%（以锌计）	与韩国一致	
36	半胱氨酸，乙酰半胱氨酸及其盐类	Cysteine,acetyl cysteine and their salts		加温二浴式烫发产品 1.5-5.5%（以半胱氨酸计） 其他烫发产品 3.0-7.5%（以半胱氨酸计）；		韩国：作为稳定剂时可以调配 1.0% 的巯基乙酸，添加的巯基乙酸的量最大为 1.0% 时，主成分半胱氨酸的含量不得超过 6.5%

表 3-8（续）

序号	中文名称	英文名称	CAS 号	韩国限量	中国限量	备注
37	硝酸银	Silver nitrate	7761-88-8	染睫毛和眉毛的产品 4%	与韩国一致	韩国：其他产品中禁止使用
38	乙酸辛烯酯	Amyl vinyl carbinyl	2442-10-6	0.3%		
39	戊基环戊烯酮	Amylcyclopentenone	25564-22-1	0.1%		
40	乙酰基六甲基二氢化茚	Acetyl hexamethyl indan	15323-35-0	驻留类产品 2%		
41	吐纳麝香	Acetyl hexamethyl tetralin	21145-77-7，1506-02-1	驻留类产品 0.1%（但搭配氢醇类产品时 1%，搭配芳香类产品时 2.5%，搭配香味膏霜 0.5%）；淋洗类产品 0.2%		
42	RH/SH 寡肽 -1（表皮细胞生长因子）	RH-Oligopeptide-1,SH-Oligopeptide-1		0.001%		
43	铝克洛沙	Alcloxa		1%		
44	庚炔羧酸烯丙酯	Allyl heptine carbonate	73157-43-4	0.002%		韩国：禁止在含有 2- 炔酸酯（如庚炔羧酸甲酯）的产品中使用
45	碱金属的氯酸盐类	Chlorates of alkali metals	7775-09-9，3811-04-9	3%	总量 3%	
46	氨	Ammonia	7664-41-7，1336-21-6	6%	6%（以 NH_3 计）	

表 3-8（续）

序号	中文名称	英文名称	CAS 号	韩国限量	中国限量	备注
47	月桂酰精氨酸乙酯盐酸盐	Ethyl lauroyl arginate HCl	60372-77-2	去头屑淋洗类产品（洗发水）0.8%		韩国：其他产品中禁止使用
48	乙醇：硼砂：十二烷基硫酸钠=4：1：1的混合物			外阴部清洗剂 12%		韩国：其他产品中禁止使用
49	羟乙二磷酸及其盐类	Etidronic acid and its salts	2809-21-4	发用产品及染发产品总量 1.5%（以酸计）	发用产品总量 1.5%（以羟乙二磷酸计）	韩国：其他产品中禁止使用
				身体清洁用产品总量 0.2%（以酸计）	香皂总量 0.2%（以羟乙二磷酸计	
50	卡他夫没药脂	Opopanax chironium resin		0.6%		
51	草酸及其酯类和碱金属盐类	Oxalic acid,its esters and alkaline salts	144-62-7	发用产品总量 5%	与韩国一致	韩国：其他产品中禁止使用
52	尿素	Urea		10%		
53	异香柠檬酯	Isobergamate	68683-20-5	0.1%		
54	异环香叶醇	Isocyclogeraniol	68527-77-5	0.5%		
55	苯酚磺酸锌	Zinc phenolsulfonate	127-82-2	驻留类产品中 2%	除臭产品、抑汗产品和收敛水 6%（以无水物计）	
56	吡硫鎓锌	Zinc pyrithione	13463-41-7	去头屑淋洗类发用产品（洗发露、护发素）及有助于缓解脱发的产品 1.0%	去头屑淋洗类发用产品 1.5%	作为防腐剂的规定见表 3-5
					驻留类发用产品 0.1%	

表 3-8（续）

序号	中文名称	英文名称	CAS 号	韩国限量	中国限量	备注
57	巯基乙酸及其盐类及酯类	Thioglycollic acid,its salts and esters		烫发产品（含拉直产品）总量 11%（以巯基乙酸计）； 加温二浴式头发烫直产品 5%； 以巯基乙酸及其盐类为主成分，使用第 1 剂时调制的发热二浴式烫发产品 19%	仅指巯基乙酸及其盐类，烫发产品（含拉直产品）：普通用总量 8%（以巯基乙酸计）；专业用总量 11%（以巯基乙酸计）	韩国：其他产品中禁止使用 中国：pH 7～9.5
					仅指巯基乙酸酯类，烫发产品（含拉直产品）：普通用总量 8%（以巯基乙酸计）；专业用总量 11%（以巯基乙酸计）	韩国：其他产品中禁止使用 中国：pH 6～9.5
				染发剂总量 1%（以巯基乙酸计）		韩国：其他产品中禁止使用
				脱毛产品总量 5%（以巯基乙酸计）	仅指巯基乙酸及其盐类，脱毛产品总量 5%（以巯基乙酸计）	韩国：其他产品中禁止使用 中国：pH 7～12.7
				淋洗类发用产品总量 2%（以巯基乙酸计）	仅指巯基乙酸及其盐类，淋洗类发用产品总量 2%（以巯基乙酸计）	韩国：其他产品中禁止使用 中国：pH 7～9.5
58	氢氧化钙	Calcium hydroxide	1305-62-0	头发烫直产品 7%	头发烫直产品（包含氢氧化钙和胍盐）7%（以氢氧化钙重量计）	韩国：其他产品中禁止使用

表 3-8（续）

序号	中文名称	英文名称	CAS 号	韩国限量	中国限量	备注
58	氢氧化钙	Calcium hydroxide	1305-62-0	脱毛产品用 pH 调节剂	脱毛产品用 pH 调节剂	韩国：pH<12.7，其他产品中禁止使用 中国：pH≤12.7
					其他用途，如 pH 调节剂、加工助剂	pH≤11
59	埃塞俄比亚红没药油及树胶提取物	Commiphora erythrea Engler var. glabrescens Engler gum extract and oil	93686-00-1	0.6%		
60	枯茗籽果油提取物	*Cuminum cyminum* oil and extract	84775-51-9	驻留类产品 0.4%（以枯茗籽油计）		
61	奎宁及其盐类	Quinine and its salts	130-95-0	淋洗类发用产品总量 0.5%（以奎宁计） 驻留类发用产品总量 0.2%（以奎宁计）	与韩国一致	韩国：其他产品中禁止使用
62	氯胺 T	Chloramine T	127-65-1	0.2%	与韩国一致	
63	甲苯	Toluene	108-88-3	指甲用产品 25%		韩国：其他产品中禁止使用
64	三链烷胺，三链烷醇胺及其盐类	Trialkylamines,trialkanolamines and their salts		驻留类产品总量 2.5%	驻留类产品总量 2.5%；淋洗类产品未限制	中国：不和亚硝基化体系一起使用，避免形成亚硝胺；最低纯度：99%，原料中仲链烷胺最大含量 0.5%，产品中亚硝胺最大含量 50μg/kg，存放于无亚硝酸盐的容器内

表 3-8（续）

序号	中文名称	英文名称	CAS 号	韩国限量	中国限量	备注
65	三氯生	Triclosan	3380-34-5	淋洗类产品中 0.3%		韩国：作为防腐剂的规定见表 3-5；仅限用于功能性化妆品的有效成分，其他产品中禁止使用 中国：作为防腐剂的规定见表 3-5
66	三氯卡班	Triclocarban	101-20-2	淋洗类产品 1.5%		韩国：作为防腐剂的规定见表 3-5；仅限用于功能性化妆品的有效成分，其他产品中禁止使用 中国：作为防腐剂的规定见表 3-5
67	紫苏醛	Perillaldehyde	2111-75-3	0.1%		
68	秘鲁香膏提取物和蒸馏物	Myroxylon balsamum var. pereirae,extracts and distillates,Balsam Peru oil,absolute and anhydrol (Balsam Oil Peru)	8007-00-9	0.4%		
69	氢氧化钾，氢氧化钠	Potassium hydroxide, Sodium hydroxide	1310-58-3，1310-73-2	指（趾）甲护膜溶剂 5%	指（趾）甲护膜溶剂 5%（以氢氧化钠计）	
					头发烫直产品：一般用 2%，专业用 4.5%（以氢氧化钠计）	

表 3-8（续）

序号	中文名称	英文名称	CAS 号	韩国限量	中国限量	备注
69	氢氧化钾，氢氧化钠	Potassium hydroxide, Sodium hydroxide	1310-58-3，1310-73-2	脱毛产品用 pH 调节剂	与韩国一致	韩国：pH＜12.7 中国：pH≤12.7
				其他用途，如 pH 调节剂	其他用途，如 pH 调节剂	韩国：pH＜11 中国：pH≤11
70	聚丙烯酰胺类	Polyacrylamides		驻留类体用产品中丙烯酰胺单体最大残留量 0.1 mg/kg 其他产品中丙烯酰胺单体最大残留量 0.5 mg/kg	与韩国一致	
71	胶皮枫香树油及提取物	*Liquidambar styraciflua* oil and extract (styrax)	8046-19-3，94891-28-8	0.6%		
72	3- 正丙基苉苯酞	3-Propylidenephthalide	17369-59-4	0.01%		
73	反式 -2- 己烯醛	Trans-2-hexenal	6728-26-3	0.002%		
74	2- 亚己基环戊酮	2-Hexylidene cyclopentanone	17373-89-6	0.06%		
75	花生油及其提取物、衍生物	Peanut oil,extracts and derivatives	8002-03-7，68425-36-5，91051-35-3，91744-77-3，68440-49-3，93572-05-5，61789-56-8，61789-57-9，73138-79-1	花生蛋白 0.5 mg/kg		

表 3-8（续）

序号	中文名称	英文名称	CAS 号	韩国限量	中国限量	备注
76	小万寿菊花提取物，小万寿菊花油	Tagetes minuta flower extract,Tagetes minuta flower oil	91770-75-1，8016-84-0	驻留类产品 0.01%		α-三联噻吩含量≤0.35%；不能用于防晒产品和专用于天然或人工紫外线暴露环境的产品中；和孔雀草花提取物、孔雀草花油一起使用时总量不超过 0.01%
				淋洗类产品 0.1%		α-三联噻吩含量≤0.35%；和孔雀草花提取物、孔雀草花油一起使用时总量不超过 0.1%
77	孔雀草花提取物，孔雀草花油	Tagetes patula flower extract,Tagetes patula flower oil	91722-29-1，8016-84-0	驻留类产品 0.01%		α-三联噻吩含量≤0.35%；不能用于防晒产品和专用于天然或人工紫外线暴露环境的产品中；和小万寿菊花提取物、小万寿菊花油一起使用时总量不超过 0.01%
				淋洗类产品 0.1%		α-三联噻吩含量≤0.35%；和小万寿菊花提取物、小万寿菊花油一起使用时总量不超过 0.1%
78	水解小麦蛋白	Hydrolyzed wheat protein	94350-06-8，222400-28-4，70084-87-6，100209-50-5	原料中多肽的最大平均分子量要小于 3.5 kDa		

表 3-8（续）

序号	中文名称	英文名称	CAS 号	韩国限量	中国限量	备注
韩国没有规定，中国列入限用组分的物质						
1	苯扎氯铵，苯扎溴铵，苯扎糖精铵	Benzalkonium chloride,bromide and saccharinate	91080-29-4，63449-41-2，68391-01-5，68424-85-1，85409-22-9，68989-01-5		淋洗类发用产品总量 3%（以苯扎氯铵计）；如果成品中使用的苯扎氯铵、苯扎溴铵、苯扎糖精铵的烷基链等于或小于 C_{14}，则其用量不得大于 0.5%（以苯扎氯铵计）	作为防腐剂的规定见表 3-5
					其他产品总量 0.1%（以苯扎氯铵计）	
2	苯甲酸及其钠盐	Benzoic acid,sodium benzoate	65-85-0，532-32-1		淋洗类产品：总量 2.5%（以酸计）	作为防腐剂的规定见表 3-5
3	8-羟基喹啉，羟基喹啉硫酸盐	Oxyquinoline,oxyquinoline sulfate	148-24-3，134-31-6		在淋洗类发用产品中用作过氧化氢的稳定剂总量 0.3%（以碱基计）；在驻留类发用产品中用作过氧化氢的稳定剂，总量 0.03%（以碱基计）	
4	苯氧异丙醇	Phenoxyisopropanol	770-35-4		淋洗类产品 2%	作为防腐剂的规定见表 3-5
5	过氧化锶	Strontium peroxide	1314-18-7		淋洗类发用产品 4.5%（以锶计），所有产品必须符合释放过氧化氢的要求	

表 3-8（续）

序号	中文名称	英文名称	CAS 号	韩国限量	中国限量	备注
6	二硫化硒	Selenium disulfide	7488-56-4		去头皮屑香波 1%	
7	氯化锶	Strontium chloride	10476-85-4		香波和面部用产品 2.1%（以锶计），当与其他允许的锶产品混合时，总锶含量不得超过 2.1%	
8	碱金属的硫化物类	Alkali sulfides			脱毛产品总量 2%（以硫计）	中国：pH≤12.7
	碱土金属的硫化物类	Alkaline earth sulfides			脱毛产品总量 6%（以硫计）	
9	氢氧化锶	Strontium hydroxide	18480-07-4		脱毛产品用 pH 调节剂 3.5%（以锶计）	中国：pH≤12.7
10	氯化羟锆铝配合物（AlxZr（OH）yClz）和氯化羟锆铝甘氨酸配合物	Aluminium zirconium chloride hydroxide complexes: AlxZr (OH)y Clz and the aluminium zirconium chloride hydroxide glycine complexes			抑汗产品，总量 20%（以无水氯化羟锆铝计），总量 5.4%（以锆计）	中国：铝原子数与锆原子数之比应在 2～10 之间；（Al+Zr）的原子数与氯原子数之比应在 0.9～2.1 之间；禁用于喷雾产品
11	滑石：水合硅酸镁	Talc: hydrated magnesium silicate	14807-96-6		3 岁以下儿童使用的粉状产品未限量	中国：应使粉末远离儿童的鼻和口
					其他产品未限量	

表 3-8（续）

序号	中文名称	英文名称	CAS 号	韩国限量	中国限量	备注
12	苯甲醇	Benzyl alcohol	100-51-6		溶剂、香水和香料	作为防腐剂的规定见表 3-5
13	α-羟基酸及其盐类和酯类	α-Hydroxy acids and their salts,esters			总量 6%（以酸计）	中国：pH≥3.5（淋洗类发用产品除外），α-羟基酸指α-碳位氢被羟基取代的羧酸，如：酒石酸、乙醇酸、苹果酸、乳酸、柠檬酸等；盐类指其钠、钾、钙、镁、铵和醇胺盐；酯类指甲基、乙基、丙基、异丙基、丁基、异丁基和苯基酯等
14	双氯酚	Dichlorophen	97-23-4	禁用	0.5%	
15	脂肪酸双链烷酰胺及脂肪酸双链烷醇酰胺	Fatty acid dialkylamides and dialkanolamides				中国：不和亚硝基化体系一起使用，避免形成亚硝胺；产品中仲链烷胺最大含量 0.5%，亚硝胺最大含量 50μg/kg，原料中仲链烷胺最大含量 5%，存放于无亚硝酸盐的容器内
16	单链烷胺，单链烷醇胺及它们的盐类	Monoalkylamines,monoalkanolamines and their salts				中国：不和亚硝基化体系一起使用，避免形成亚硝胺；最低纯度：99%，原料中仲链烷胺最大含量 0.5%，产品中亚硝胺最大含量 50 μg/kg，存放于无亚硝酸盐的容器内

表 3-9　化妆品准用着色剂

序号	中文名称	英文名称	CI 号	各种化妆品	除眼部化妆品之外的其他化妆品	专用于不与黏膜接触的化妆品	专用于仅和皮肤暂时接触的化妆品	备注
1	溶剂绿 7	Solvent Green 7	59040		韩国 0.01%，还禁用于嘴部产品	中国禁用于染发产品		韩国：焦油色素，不得使用该色素的钡、锶、锆石 中国：1,3,6- 芘三磺酸三钠不超过 6%，1,3,6,8- 芘四磺酸四钠不超过 1%，芘不超过 0.2%
2	酸性绿 1	Acid Green 1	10020		韩国还禁用于嘴部产品	中国禁用于染发产品		韩国：焦油色素，不得使用该色素的钡、锶、锆石
3	溶剂红 73	Solvent Red 73	45425：1		韩国还禁用于嘴部产品			韩国：焦油色素，不得使用该色素的钡、锶、锆石
4	酸性红 95	Acid Red 95	45425	中国禁用于染发产品	韩国还禁用于嘴部产品			韩国：焦油色素，不得使用该色素的钡、锶、锆石 中国：三碘间苯二酚不超过 0.2%，2-（2,4- 二羟基 -3,5- 二羰基苯甲酰）苯甲酸不超过 0.2%

表 3-9（续）

序号	中文名称	英文名称	CI 号	各种化妆品	除眼部化妆品之外的其他化妆品	专用于不与黏膜接触的化妆品	专用于仅和皮肤暂时接触的化妆品	备注
5	酸性紫 43	Acid Violet 43	60730		韩国还禁用于嘴部产品	中国√		韩国：焦油色素，不得使用该色素的钡、锶、锆石 中国：1- 羟基 -9,10- 蒽二酮不超过 0.2%，1,4- 二羟基 -9,10- 蒽二酮不超过 0.2%，对甲苯胺不超过 0.1%，对甲苯胺磺酸钠不超过 0.2%
6	颜料红 49	Pigment Red 49	15630	中国 3%	韩国 3%，还禁用于嘴部产品			韩国：焦油色素，不得使用该色素的钡、锶、锆石 中国：这些着色剂的不溶性钡、锶、锆色淀、盐和颜料也被允许使用，它们必须通过不溶性测定
7	颜料红 49：2	Pigment Red 49: 2	15630：2		韩国 3%，还禁用于嘴部产品			韩国：焦油色素，不得使用该色素的钡、锶、锆石
8	颜料红 49：1	Pigment Red 49: 1	15630：1		韩国 3%，还禁用于嘴部产品			韩国：焦油色素
9	颜料红 49：3	Pigment Red 49: 3	15630：3		韩国 3%，还禁用于嘴部产品			韩国：焦油色素

表 3-9（续）

序号	中文名称	英文名称	CI 号	各种化妆品	除眼部化妆品之外的其他化妆品	专用于不与黏膜接触的化妆品	专用于仅和皮肤暂时接触的化妆品	备注
10	颜料红 64	Pigment Red 64	15800		韩国还禁用于嘴部产品	中国禁用于染发产品		韩国：焦油色素，不得使用该色素的钡、锶、锆石 中国：苯胺不超过 0.2%，3- 羟基 -2- 萘甲酸钙不超过 0.4%
11	溶剂红 23	Solvent Red 23	26100	中国禁用	韩国还禁用于嘴部产品			韩国：焦油色素，不得使用该色素的钡、锶、锆石
12	颜料红 48：2	Pigment Red 48: 2	15865：2		韩国还禁用于嘴部产品			韩国：焦油色素
13	食品红 1	Food Red 1	14700	中国禁用于染发产品	韩国还禁用于嘴部产品			韩国：焦油色素，不得使用该色素的钡、锶、锆石 中国：5- 氨基 -2,4- 二甲基 -1- 苯磺酸及其钠盐不超过 0.2%，4- 羟基 -1- 萘磺酸及其钠盐不超过 0.2%
14	颜料蓝 15	Pigment Blue 15	74160	中国禁用于染发产品	韩国还禁用于嘴部产品			韩国：焦油色素，不得使用该色素的钡、锶、锆石

表 3-9（续）

序号	中文名称	英文名称	CI 号	各种化妆品	除眼部化妆品之外的其他化妆品	专用于不与黏膜接触的化妆品	专用于仅和皮肤暂时接触的化妆品	备注
15	酸性黄 73	Acid Yellow 73	45350	中国 6%，禁用于染发产品	韩国 6%，还禁用于嘴部产品			韩国：焦油色素，不得使用该色素的钡、锶、锆石 中国：间苯二酚不超过 0.5%，邻苯二甲酸不超过 1%，2-（2,4- 二羟基苯酰基）苯甲酸不超过 0.5%
16	溶剂黄 33	Solvent Yellow 33	47000		韩国还禁用于嘴部产品	中国禁用于染发产品		韩国：焦油色素，不得使用该色素的钡、锶、锆石 中国：邻苯二甲酸不超过 0.3%，2- 甲基喹啉不超过 0.2%
17	食品黄 1	Food Yellow 1	11680		韩国还禁用于嘴部产品	中国√		韩国：焦油色素，不得使用该色素的钡、锶、锆石
18	酸性黄 1	Acid Yellow 1	10316		韩国还禁用于嘴部产品；中国√			韩国：焦油色素 中国：这些着色剂的不溶性钡、锶、锆色淀、盐和颜料也被允许使用，它们必须通过不溶性测定；1- 萘酚不超过 0.2%，2,4- 二硝基 -1- 萘酚不超过 0.03%

表 3-9（续）

序号	中文名称	英文名称	CI 号	各种化妆品	除眼部化妆品之外的其他化妆品	专用于不与黏膜接触的化妆品	专用于仅和皮肤暂时接触的化妆品	备注
19	酸性橙 7	Acid Orange 7	15510		韩国还禁用于嘴部产品；中国√			韩国：焦油色素 中国：这些着色剂的不溶性钡、锶、锆色淀、盐和颜料也被允许使用，它们必须通过不溶性测定；2-萘酚不超过 0.4%，磺胺酸钠不超过 0.2%，4,4′-（二偶氮氨基）-二苯磺酸不超过 0.1%
20	食品黄 13	Food Yellow 13	47005	中国√	韩国还禁用于嘴部产品			韩国：焦油色素 中国：2-甲基喹啉、2-甲基喹啉磺酸、邻苯二甲酸、2,6-二甲基喹啉和 2,6-二甲基喹啉磺酸总量不超过 0.5%，2（2-喹啉基）2,3-二氢 -1,3-茚二酮不超过 4 mg/kg，未磺化芳香伯胺不超过 0.01%（以苯胺计）
21	食品绿 3	Food Green 3	42053	韩国√ 中国禁用于染发产品				韩国：焦油色素 中国：无色母体不超过 5%，2-,3-,4-甲酰基苯磺酸及其钠盐总量不超过 0.5%，3-和 4-（乙基（4-磺苯基）氨基）甲基苯磺酸及其二钠盐总量不超过 0.3%，2-甲酰基 -5-羟基苯磺酸及其钠盐不超过 0.5%

表 3-9（续）

序号	中文名称	英文名称	CI 号	各种化妆品	除眼部化妆品之外的其他化妆品	专用于不与黏膜接触的化妆品	专用于仅和皮肤暂时接触的化妆品	备注
22	酸性绿 25	Acid Green 25	61570	韩国√ 中国√				韩国：焦油色素，不得使用该色素的钡、锶、锆石 中国：1,4- 二羟基蒽醌不超过 0.2%，2- 氨基 - 间 - 甲苯磺酸不超过 0.2%
23	溶剂绿 3	Solvent Green 3	61565	韩国√ 中国禁用于染发产品				韩国：焦油色素，不得使用该色素的钡、锶、锆石 中国：对甲苯胺不超过 0.1%，1,4- 二羟基蒽醌不超过 0.2%，1- 羟基 -4-（(4- 甲基苯基）氨基）-9,10- 蒽二酮不超过 5%
24	酸性橙 11：1	Acid Orange 11：1	45370：1	韩国√				韩国：焦油色素，禁用于眼周产品
25	溶剂紫 13	Solvent Violet 13	60725	韩国√ 中国禁用于染发产品				韩国：焦油色素，不得使用该色素的钡、锶、锆石 中国：对甲苯胺不超过 0.2%，1- 羟基 -9,10- 蒽二酮不超过 0.5%，1,4- 二羟基 -9,10- 蒽二酮不超过 0.5%

表 3-9（续）

序号	中文名称	英文名称	CI 号	各种化妆品	除眼部化妆品之外的其他化妆品	专用于不与黏膜接触的化妆品	专用于仅和皮肤暂时接触的化妆品	备注
26	食品红 9	Food Red 9	16185	韩国禁用于婴幼儿产品或者标识满 13 周岁以下儿童不可用的产品；中国禁用于染发产品				韩国：焦油色素 中国：4- 氨基萘 -1- 磺酸、3- 羟基萘 -2,7- 二磺酸、6- 羟基萘 -2- 磺酸、7- 羟基萘 -1,3- 二磺酸和 7- 羟基萘 -1,3,6- 三磺酸总量不超过 0.5%，未磺化芳香伯胺不超过 0.01%（以苯胺计）
27	食品红 17（咖哩红）	Food Red 17(Curry Red)	16035	韩国√ 中国√				韩国：焦油色素 中国：6- 羟基 -2- 萘磺酸钠不超过 0.3%，4- 氨基 -5- 甲氧基 -2- 甲苯基磺酸不超过 0.2%，6,6′- 氧代双（2- 萘磺酸）二钠盐不超过 1.0%，未磺化芳香伯胺不超过 0.01%（以苯胺计）
28	食品红 7	Food Red 7	16255	韩国禁用于婴幼儿产品或者标识满 13 周岁以下儿童不可用的产品；中国√				韩国：焦油色素 中国：这些着色剂的不溶性钡、锶、锆色淀、盐和颜料也被允许使用，它们必须通过不溶性测定；4- 氨基萘 -1- 磺酸、3- 羟基萘 -2,7- 二磺酸、6- 羟基萘 -2- 磺酸、7- 羟基萘 -1,3- 二磺酸和 7- 羟基萘 -1,3,6- 三磺酸总量不超过 0.5%，未磺化芳香伯胺不超过 0.01%（以苯胺计）

表 3-9（续）

序号	中文名称	英文名称	CI 号	各种化妆品	除眼部化妆品之外的其他化妆品	专用于不与黏膜接触的化妆品	专用于仅和皮肤暂时接触的化妆品	备注
29	酸性红 87（二钠盐）	Acid Red 87	45380	韩国√ 中国指酸性红 87，禁用于染发产品				韩国：焦油色素，禁用于眼周产品 中国：这些着色剂的不溶性钡、锶、锆色淀、盐和颜料也被允许使用，它们必须通过不溶性测定；2-（6-羟 基 -3- 氧 -3H- 占吨 -9- 基）苯甲酸不超过 1%，2-（溴 -6- 羟 基 -3- 氧 -3H- 占吨 -9- 基）苯甲酸不超过 2%
30	酸性红 92（荧光桃红 B）	Acid Red 92(Phloxine B)	45410	韩国√				韩国：焦油色素，禁用于眼周产品
31	溶剂红 48（荧光桃红 BK）	Solvent Red 48(Phloxine BK)	45410	韩国√				韩国：焦油色素，禁用于眼周产品
32	颜料红 57	Pigment Red 57	15850	韩国√ 中国√				韩国：焦油色素 中国：这些着色剂的不溶性钡、锶、锆色淀、盐和颜料也被允许使用，它们必须通过不溶性测定；2- 氨基 -5- 甲基苯磺酸钙盐不超过 0.2%，3- 羟基 -2- 萘基羰酸钙盐不超过 0.4%，未磺化芳香伯胺不超过 0.01%（以苯胺计）

表 3-9（续）

序号	中文名称	英文名称	CI 号	各种化妆品	除眼部化妆品之外的其他化妆品	专用于不与黏膜接触的化妆品	专用于仅和皮肤暂时接触的化妆品	备注
33	颜料红 57：1	Pigment Red 57: 1	15850：1	韩国√				韩国：焦油色素
34	酸性红 92	Acid Red 92	45410：1	韩国√ 中国√				韩国：焦油色素，禁用于眼周产品 中国：这些着色剂的不溶性钡、锶、锆色淀、盐和颜料也被允许使用，它们必须通过不溶性测定；2-（6-羟基-3-氧-3H-占吨-9-基）苯甲酸不超过 1%，2-（溴-6-羟基-3-氧-3H-占吨-9-基）苯甲酸不超过 2%
35	颜料红 63：1	Pigment Red 63: 1	15880：1	韩国√				韩国：焦油色素，不得使用该色素的钡、锶、锆石
36	溶剂红 43	Solvent Red 43	45380：2	韩国√				韩国：焦油色素
37	还原红 1	Vat Red 1	73360	韩国√ 中国禁用于染发产品				韩国：焦油色素，不得使用该色素的钡、锶、锆石

表 3-9（续）

序号	中文名称	英文名称	CI 号	各种化妆品	除眼部化妆品之外的其他化妆品	专用于不与黏膜接触的化妆品	专用于仅和皮肤暂时接触的化妆品	备注
38	食品红 12	Food Red 12	17200	韩国 3%，仅限于嘴部用化妆品；中国√				韩国：焦油色素，不得使用该色素的钡、锶、锆石 中国：这些着色剂的不溶性钡、锶、锆色淀、盐和颜料也被允许使用，它们必须通过不溶性测定；4-氨基-5-羟基-2,7-萘二磺酸二钠不超过 0.3%，4,5-二羟基-3-（苯基偶氮）-2,7-萘二磺酸二钠不超过 3%，苯胺不超过 25 mg/kg，4-氨基偶氮苯不超过 100 μg/kg，1,3-二苯基三嗪不超过 125 μg/kg，4-氨基联苯不超过 275 μg/kg，偶氮苯不超过 1 mg/kg，联苯胺不超过 20 μg/kg

表 3-9（续）

序号	中文名称	英文名称	CI 号	各种化妆品	除眼部化妆品之外的其他化妆品	专用于不与黏膜接触的化妆品	专用于仅和皮肤暂时接触的化妆品	备注
39	颜料红 4	Pigment Red 4	12085	韩国 3% 中国 3%，禁用于染发产品				韩国：焦油色素 中国：这些着色剂的不溶性钡、锶、锆色淀、盐和颜料也被允许使用，它们必须通过不溶性测定；2-氯-4-硝基苯胺不超过 0.3%，2-萘酚不超过 1%，2,4-二硝基苯胺不超过 0.02%，1-（（2,4-二硝基苯基）偶氮）-2-萘酚不超过 0.5%，4-（（2-氯-4-硝基苯基）偶氮）-1-萘酚不超过 0.5%，1-（（4-硝基苯基）偶氮）-2-萘酚不超过 0.3%；1-（（4-氯-2-硝基苯基）偶氮）-2-萘酚不超过 0.3%

表 3-9（续）

序号	中文名称	英文名称	CI 号	各种化妆品	除眼部化妆品之外的其他化妆品	专用于不与黏膜接触的化妆品	专用于仅和皮肤暂时接触的化妆品	备注
40	酸性红 87（二钾盐）	Acid Red 87	45380	韩国√ 中国指酸性红 87，禁用于染发产品				韩国：焦油色素，禁用于眼周产品 中国：这些着色剂的不溶性钡、锶、锆色淀、盐和颜料也被允许使用，它们必须通过不溶性测定；2-（6-羟 基-3-氧-3H-占吨-9-基）苯甲酸不超过 1%，2-（溴-6-羟 基-3-氧-3H-占吨-9-基）苯甲酸不超过 2%
41	食品蓝 2	Food Blue 2	42090	韩国√ 中国√				韩国：焦油色素 中国：2-,3-和 4-甲酰基苯磺酸总量不超过 1.5%，3-（乙基（4-磺苯基）氨基）甲基苯磺酸不超过 0.3%，无色母体不超过 5.0%，未磺化芳香伯胺不超过 0.01%（以苯胺计）
42	食品蓝 1	Food Blue 1	73015	韩国√ 中国√				韩国：焦油色素 中国：靛红-5-磺酸、5-磺基邻氨基苯甲酸和邻氨基苯甲酸总量不超过 0.5%，未磺化芳香伯胺不超过 0.01%（以苯胺计）

表 3-9（续）

序号	中文名称	英文名称	CI 号	各种化妆品	除眼部化妆品之外的其他化妆品	专用于不与黏膜接触的化妆品	专用于仅和皮肤暂时接触的化妆品	备注
43	还原蓝 1	Vat Blue 1	73000	韩国√ 中国√				韩国：焦油色素，不得使用该色素的钡、锶、锆石
44	还原蓝 6	Vat Blue 6	69825	韩国√ 中国√				韩国：焦油色素，不得使用该色素的钡、锶、锆石
45	酸性蓝 9	Acid Blue 9	42090	韩国√				韩国：焦油色素，不得使用该色素的钡、锶、锆石
46	食品黄 4	Food Yellow 4	19140	韩国√ 中国√				韩国：焦油色素 中国：这些着色剂的不溶性钡、锶、锆色淀、盐和颜料也被允许使用，它们必须通过不溶性测定；4-苯肼磺酸、4-氨基苯-1-磺酸、5-羰基-1-（4-磺苯基）-2-吡唑啉-3-羧酸、4,4′-二偶氮氨基二苯磺酸和四羟基丁二酸总量不超过 0.5%，未磺化芳香伯胺不超过 0.01%（以苯胺计）

表 3-9（续）

序号	中文名称	英文名称	CI 号	各种化妆品	除眼部化妆品之外的其他化妆品	专用于不与黏膜接触的化妆品	专用于仅和皮肤暂时接触的化妆品	备注
47	食品黄 3	Food Yellow 3	15985	韩国√ 中国√				韩国：焦油色素 中国：这些着色剂的不溶性钡、锶、锆色淀、盐和颜料也被允许使用，它们必须通过不溶性测定；4-氨基苯-1-磺酸、3-羟基萘-2,7-二磺酸、6-羟基萘-2-磺酸、7-羟基萘-1,3-二磺酸和 4,4′-双偶氮氨基二苯磺酸总量不超过 0.5%，6,6′-羟基双（2-萘磺酸）二钠盐不超过 1.0%，未磺化芳香伯胺不超过 0.01%（以苯胺计）
48	酸性黄 73：1	Acid Yellow 73：1	45350：1	韩国 6%				韩国：焦油色素，不得使用该色素的钡、锶、锆石
49	酸性黄 73（二钠盐）	Acid Yellow 73	45350	韩国 6%				韩国：焦油色素，不得使用该色素的钡、锶、锆石
50	溶剂黄 33	Solvent Yellow 33	21110				韩国还适用于染发用化妆品	韩国：焦油色素，不得使用该色素的钡、锶、锆石

表 3-9（续）

序号	中文名称	英文名称	CI 号	各种化妆品	除眼部化妆品之外的其他化妆品	专用于不与黏膜接触的化妆品	专用于仅和皮肤暂时接触的化妆品	备注
51	赤色 106	Acid Red	45100				韩国还适用于染发用化妆品；中国√	韩国：焦油色素，不得使用该色素的钡、锶、锆石
52	颜料红 3	Pigment Red 3	12120				韩国还适用于染发用化妆品；中国√	韩国：焦油色素，不得使用该色素的钡、锶、锆石
53	酸性紫 9	Acid Violet 9	45190				韩国还适用于染发用化妆品；中国禁用于染发产品	韩国：焦油色素
54	酸性红 88	Acid Red 88	15620				韩国还适用于染发用化妆品；中国√	韩国：焦油色素，不得使用该色素的钡、锶、锆石
55	酸性黄 11	Acid Yellow 11	18820				韩国还适用于染发用化妆品；中国√	韩国：焦油色素，不得使用该色素的钡、锶、锆石

表 3-9（续）

序号	中文名称	英文名称	CI 号	各种化妆品	除眼部化妆品之外的其他化妆品	专用于不与黏膜接触的化妆品	专用于仅和皮肤暂时接触的化妆品	备注
56	酸性黑 1	Acid Black 1	20470				韩国还适用于染发用化妆品；中国√	韩国：焦油色素，不得使用该色素的钡、锶、锆石
57	颜料橙 1	Pigment Orange 1	11725			韩国√	中国√	韩国：焦油色素，不得使用该色素的钡、锶、锆石
58	天然橙 4（胭脂树橙）	Natural Orange 4 (annatto)	75120	韩国√ 中国√				
59	天然黄 27（番茄红素）	Natural Yellow 27 (lycopene)	75125	韩国√ 中国√				
60	天然黄 26	Natural Yellow 26	75130	韩国√ 中国√				
61	天然白 1	Natural White 1	75170	韩国√ 中国√				
62	天然黄 3（姜黄素）	Natural Yellow 3 (curcumins)	75300	韩国√ 中国√				
63	天然红 4（胭脂红）	Natural Red 4 (carmines)	75470	韩国√ 中国√				

表 3-9（续）

序号	中文名称	英文名称	CI 号	各种化妆品	除眼部化妆品之外的其他化妆品	专用于不与黏膜接触的化妆品	专用于仅和皮肤暂时接触的化妆品	备注
64	天然绿 3（叶绿酸 - 铜络合物）	Natural Green 3 (chlorophylls)	75810	韩国√ 中国√				
65	颜料金属 1（铝）	Pigment metal 1 (Al)	77000	韩国√ 中国√				
66	颜料白 19（天然水合硅酸铝）	Pigment White 19 ($Al_2O_3 \cdot 2SiO_2 \cdot 2H_2O$)	77004	韩国√ 中国√				中国：所含的钙，镁或铁碳酸盐类，氢氧化铁，石英砂，云母等属于杂质
67	颜料蓝 29（天青石）	Pigment Blue 29 (lazurite)	77007	韩国√ 中国√				
68	颜料白 21，22（硫酸钡）	Pigment White 21，22 ($BaSO_4$)	77120	韩国√ 中国√				
69	颜料白 14（氯氧化铋）	Pigment White 14 (BiOCl)	77163	韩国√ 中国√				
70	颜料白 18（碳酸钙）	Pigment White 18 ($CaCO_3$)	77220	韩国√ 中国√				
71	颜料白 25（硫酸钙）	Pigment White 25 ($CaSO_4$)	77231	韩国√ 中国√				

表 3-9（续）

序号	中文名称	英文名称	CI 号	各种化妆品	除眼部化妆品之外的其他化妆品	专用于不与黏膜接触的化妆品	专用于仅和皮肤暂时接触的化妆品	备注
72	颜料黑 6，7（炭黑）	Pigment Black 6，7 (Carbon Black)	77266	韩国√ 中国√				中国：多环芳烃限量：1 g 着色剂样品加 10 g 环己烷，经连续提取仪提取的提取液应无色，其紫外线下荧光强度不应超过硫酸奎宁对照溶液（0.1 mg 硫酸奎宁溶于 1000 mL 0.01 mol/L 硫酸溶液）的荧光强度
73	颜料黑 9（骨炭）	Pigment Black 9 (Bone Black)	77267	韩国√ 中国√				中国：在封闭容器内，灼烧动物骨头获得的细黑粉，主要由磷酸钙组成
74	食品黑 3（焦炭黑）	Food Black 3 (Coke Black)	77268：1	韩国√ 中国√				
75	颜料绿 17（三氧化二铬）	Pigment Green 17(Cr_2O_3)	77288	韩国√ 中国√				中国：以 Cr_2O_3 计，铬在 2% 氢氧化钠提取液中不超过 0.075%
76	颜料绿 18	Pigment Green 18	77289	韩国√ 中国√				中国：以 Cr_2O_3 计，铬在 2% 氢氧化钠提取液中不超过 0.1%
77	颜料蓝 28	Pigment Blue 28	77346	韩国√ 中国√				
78	颜料金属 2（铜）	Pigment Metal 2 (Cu)	77400	韩国√ 中国√				

表 3-9（续）

序号	中文名称	英文名称	CI 号	各种化妆品	除眼部化妆品之外的其他化妆品	专用于不与黏膜接触的化妆品	专用于仅和皮肤暂时接触的化妆品	备注
79	颜料金属 3（金）	Pigment Metal 3 (Au)	77480	韩国√ 中国√				
80	氧化亚铁	Ferrous oxide (FeO)	77489	韩国√ 中国√				
81	颜料红 101，102（氧化铁）	Pigment Red 101，102 (Fe_2O_3)	77491	韩国√ 中国√				
82	颜料黄 42，43	Pigmrnt Yellow 42, 43 ($FeO(OH)\cdot nH_2O$)	77492	韩国√ 中国√				
83	颜料黑 11（氧化亚铁 + 氧化铁）	Pigment Black 11 ($FeO+Fe_2O_3$)	77499	韩国√ 中国√				
84	亚铁氰化铁铵	Ferric ammonium ferrocyanide ($FeNH_4Fe(CN)_6$)	77510	韩国√				
85	亚铁氰化铁	Ferric ferrocyanide ($Fe_4(Fe(CN)_6)_3$)	77510	韩国√				
86	颜料白 18（碳酸镁）	Pigment White 18($MgCO_3$)	77713	韩国√ 中国√				
87	颜料紫 16	Pigment Violet 16	77742	韩国√ 中国√				

表 3-9（续）

序号	中文名称	英文名称	CI 号	各种化妆品	除眼部化妆品之外的其他化妆品	专用于不与黏膜接触的化妆品	专用于仅和皮肤暂时接触的化妆品	备注
88	银	Silver(Ag)	77820	韩国√ 中国√				
89	二氧化钛（颜料白 6）	Titanium dioxide (Pigment White 6)	77891	韩国√ 中国√				中国：作为防晒剂的规定见表 3-6
90	氧化锌（颜料白 4）	Zinc oxide (Pigment White 4)	77947	韩国√ 中国√				中国：作为防晒剂的规定见表 3-6
91	乳黄素	Lactoflavin		韩国√ 中国√				
92	焦糖	Caramel		韩国√ 中国√				
93	辣椒红（辣椒玉红素）	Capsanthin (capsorubin)		韩国√ 中国√				
94	甜菜根红	Beetroot Red		韩国√ 中国√				
95	花色素苷（矢车菊色素、芍药花色素、锦葵色素、飞燕草色素、牵牛花色素、天竺葵色素）	Anthocyanins (cyanidin, peonidin, malvidin, delphinidin, petunidin, pelargonidin)		韩国√ 中国√				

表 3-9（续）

序号	中文名称	英文名称	CI 号	各种化妆品	除眼部化妆品之外的其他化妆品	专用于不与黏膜接触的化妆品	专用于仅和皮肤暂时接触的化妆品	备注
96	硬脂酸铝、锌、镁、钙盐	Aluminum, Zinc, Magnesinm and Calcium stearate		韩国√ 中国√				
97	EDTA-铜二钠	Disodium EDTA-copper		韩国√				
98	二羟基丙酮	Dihydroxyacetone		韩国√				
99	愈创薁	Guaiazulene		韩国√				
100	叶蜡石	Pyrophyllite		韩国√				
101	颜料白 20（云母）	Pigment white 20	77019	韩国√ 中国√				
102	青铜	Bronze		韩国√				
103	碱性棕 16	Basic Brown 16	12250	韩国仅用于染发用化妆品				韩国：焦油色素
104	碱性蓝 99	Basic Blue 99	56059	韩国仅用于染发用化妆品				韩国：焦油色素
105	碱性红 76	Basic Red 76	12245	韩国 2%，仅用于染发用化妆品				韩国：焦油色素 中国：作为染发剂的规定见表 3-7
106	碱性棕 17	Basic Brown 17	12251	韩国 2%，仅用于染发用化妆品				韩国：焦油色素

表 3-9（续）

序号	中文名称	英文名称	CI 号	各种化妆品	除眼部化妆品之外的其他化妆品	专用于不与黏膜接触的化妆品	专用于仅和皮肤暂时接触的化妆品	备注
107	碱性黄 87	Basic Yellow 87		韩国 1%，仅用于染发用化妆品				韩国：焦油色素 中国：作为染发剂的规定见表 3-7
108	碱性黄 57	Basic Yellow 57	12719	韩国 2%，仅用于染发用化妆品				韩国：焦油色素
109	碱性红 51	Basic Red 51		韩国 1%，仅用于染发用化妆品				韩国：焦油色素 中国：作为染发剂的规定见表 3-7
110	碱性橙 31	Basic Orange 31		韩国 1%，仅用于染发用化妆品				韩国：焦油色素 中国：作为染发剂的规定见表 3-7
111	HC 蓝 15	HC Blue 15		韩国 0.2%，仅用于染发用化妆品				韩国：焦油色素
112	HC 蓝 16	HC Blue 16		韩国 3%，仅用于染发用化妆品				韩国：焦油色素
113	分散紫 1	Disperse Violet 1	61100	韩国 0.5%，仅用于染发用化妆品				韩国：焦油色素 中国：作为染发剂的规定见表 3-7
114	HC 红 1	HC Red 1		韩国 1%，仅用于染发用化妆品				韩国：焦油色素 中国：作为染发剂的规定见表 3-7
115	2-氨基-6-氯-4-硝基苯酚	2-Amino-6-chloro-4-nitrophenol		韩国 2%，仅用于染发用化妆品				韩国：焦油色素 中国：作为染发剂的规定见表 3-7

表 3-9（续）

序号	中文名称	英文名称	CI 号	各种化妆品	除眼部化妆品之外的其他化妆品	专用于不与黏膜接触的化妆品	专用于仅和皮肤暂时接触的化妆品	备注
116	4-羟丙氨基-3-硝基苯酚	4-Hydroxypropylamino-3-nitrophenol		韩国 2.6%，仅用于染发用化妆品				韩国：焦油色素 中国：作为染发剂的规定见表 3-7
117	碱性紫 2	Basic Violet 2	42520	韩国 0.5%，仅用于染发用化妆品			中国 5 mg/kg	韩国：焦油色素
118	分散黑 9	Disperse Black 9		韩国 0.3%，仅用于染发用化妆品				韩国：焦油色素 中国：作为染发剂的规定见表 3-7
119	HC 黄 7	HC Yellow 7		韩国 0.25%，仅用于染发用化妆品				韩国：焦油色素
120	酸性红 52	Acid Red 52	45100	韩国：仅用于染发产品 0.6%				韩国：焦油色素
121	酸性红 92	Acid Red 92		韩国 0.4%，仅用于染发用化妆品				韩国：焦油色素
122	HC 蓝 17	HC Blue 17		韩国 2%，仅用于染发用化妆品				韩国：焦油色素
123	HC 橙 1	HC Orange 1		韩国 1%，仅用于染发用化妆品				韩国：焦油色素 中国：作为染发剂的规定见表 3-7
124	分散蓝 377	Disperse Blue 377		韩国 2%，仅用于染发用化妆品				韩国：焦油色素

表 3-9（续）

序号	中文名称	英文名称	CI 号	各种化妆品	除眼部化妆品之外的其他化妆品	专用于不与黏膜接触的化妆品	专用于仅和皮肤暂时接触的化妆品	备注
125	HC 蓝 12	HC Blue 12		韩国 1.5%，仅用于染发用化妆品				韩国：焦油色素
126	HC 黄 17	HC Yellow 17		韩国 0.5%，仅用于染发用化妆品				韩国：焦油色素
127	颜料红 5	Pigment Red 5	12490	禁用于染发产品				
128	颜料红 5	Pigment Red 5	12490	中国：禁用于染发产品				韩国：仅限于化妆用香皂
129	颜料紫 23	Pigment Violet 23	51319				中国：禁用于染发产品	韩国：仅限于化妆用香皂
130	颜料绿 7	Pigment Green 7	74260		禁用于染发产品			韩国：仅限于化妆用香皂
韩国没有规定，中国列入准用着色剂组分的物质								
1	颜料绿 8	Pigment Green 8	10006				√	
2	颜料黄 3	Pigment Yellow 3	11710			√		
3	食品橙 3	Food Orange 3	11920	禁用于染发产品				
4	溶剂红 3	Solvent Red 3	12010			禁用于染发产品		
5	颜料红 112	Pigment Red 112	12370				禁用于染发产品	

表 3-9（续）

序号	中文名称	英文名称	CI 号	各种化妆品	除眼部化妆品之外的其他化妆品	专用于不与黏膜接触的化妆品	专用于仅和皮肤暂时接触的化妆品	备注
6	颜料红 7	Pigment Red 7	12420				√	中国：该着色剂中 4- 氯邻甲苯胺的最大浓度 5 mg/kg
7	颜料棕 1	Pigment Brown 1	12480				√	
8	分散黄 16	Disperse Yellow 16	12700				√	
9	食品黄 2	Food Yellow 2	13015	√				
10	酸性橙 6	Acid Orange 6	14270	禁用于染发产品				
11	食品红 3	Food Red 3	14720	√				中国：4- 氨基萘 -1- 磺酸和 4- 羟基萘 -1- 磺酸总量不超过 0.5%，未磺化芳香伯胺不超过 0.01%（以苯胺计）
12	食品红 2	Food Red 2	14815	√				
13	颜料红 68	Pigment Red 68	15525	√				
14	颜料红 51	Pigment Red 51	15580	√				
15	颜料红 48	Pigment Red 48	15865	禁用于染发产品				中国：这些着色剂的不溶性钡、锶、锆色淀、盐和颜料也被允许使用，它们必须通过不溶性测定

表 3-9（续）

序号	中文名称	英文名称	CI 号	各种化妆品	除眼部化妆品之外的其他化妆品	专用于不与黏膜接触的化妆品	专用于仅和皮肤暂时接触的化妆品	备注
16	颜料红 63	Pigment Red 63	15880	禁用于染发产品				中国：2- 氨基 -1- 萘磺酸钙不超过 0.2%，3- 羟基 -2- 萘甲酸不超过 0.4%
17	食品橙 2	Food Orange 2	15980	√				
18	酸性橙 10	Acid orange 10	16230			√		
19	食品红 8	Food Red 8	16290	√				
20	食品红 10	Food Red 10	18050			√		中国：5- 乙酰胺 -4- 羟基萘 -2,7- 二磺酸和 5- 氨基 -4- 羟基萘 -2,7- 二磺酸总量不超过 0.5%，未磺化芳香伯胺不超过 0.01%（以苯胺计）
21	酸性红 155	Acid Red 155	18130				√	
22	酸性黄 121	Acid Yellow 121	18690				√	
23	酸性红 180	Acid Red 180	18736				√	
24	食品黄 5	Food Yellow 5	18965	√				
25	颜料黄 16	Pigment Yellow 16	20040				√	中国：3,3′- 二甲基联苯胺最大浓度 5 mg/kg
26	颜料黄 13	Pigment Yellow 13	21100				禁用于染发产品	中国：3,3′- 二甲基联苯胺最大浓度 5 mg/kg

表 3-9（续）

序号	中文名称	英文名称	CI 号	各种化妆品	除眼部化妆品之外的其他化妆品	专用于不与黏膜接触的化妆品	专用于仅和皮肤暂时接触的化妆品	备注
27	颜料黄 83	Pigment Yellow 83	21108				√	中国：3,3′- 二甲基联苯胺最大浓度 5 mg/kg
28	溶剂黄 29	Solvent Yellow 29	21230			禁用于染发产品		
29	酸性红 163	Acid Red 163	24790				√	
30	食品黑 2	Food Black 2	27755	禁用于染发产品				
31	食品黑 1	Food Black 1	28440	√				中国：4- 乙酰氨基 -5- 羟基萘 -1,7- 二磺酸、4- 氨基 -5- 羟基萘 -1,7- 二磺酸、8- 氨基萘 -2- 磺酸和 4,4′- 双偶氮氨基二苯磺酸总量不超过 0.8%，未磺化芳香伯胺不超过 0.01%（以苯胺计）
32	直接橙 39	Direct Orange 39	40215				√	
33	食品橙 5（β- 胡萝卜素）	Food Orange 5	40800	√				
34	食品橙 6	Food Orange 6	40820	√				
35	食品橙 7	Food Orange 7	40825	√				

表 3-9（续）

序号	中文名称	英文名称	CI 号	各种化妆品	除眼部化妆品之外的其他化妆品	专用于不与黏膜接触的化妆品	专用于仅和皮肤暂时接触的化妆品	备注
36	食品橙 8（斑蝥黄）	Food Orange 8	40850	√				
37	酸性蓝 1	Acid Blue 1	42045			禁用于染发产品		
38	食品蓝 5	Food Blue 5	42051	禁用于染发产品				中国：这些着色剂的不溶性钡、锶、锆色淀、盐和颜料也被允许使用，它们必须通过不溶性测定；3-羟基苯乙醛、3-羟基苯甲酸、3-羟基对磺基苯甲酸和 *N*, *N*-二乙氨基苯磺酸总量不超过 0.5%，无色母体不超过 4.0%，未磺化芳香伯胺不超过 0.01%（以苯胺计）
39	酸性蓝 7	Acid Blue 7	42080				√	
40	酸性绿 9	Acid Green 9	42100				√	
41	酸性绿 22	Acid Green 22	42170				√	
42	碱性紫 14	Basic Violet 14	42510			禁用于染发产品		
43	酸性蓝 104	Acid Blue 104	42735			√		

表 3-9（续）

序号	中文名称	英文名称	CI 号	各种化妆品	除眼部化妆品之外的其他化妆品	专用于不与黏膜接触的化妆品	专用于仅和皮肤暂时接触的化妆品	备注
44	碱性蓝 26	Basic Blue 26	44045			禁用于染发产品		
45	食品绿 4	Food Green 4	44090	√				中国：4,4′-双（二甲氨基）二苯甲基醇不超过 0.1%，4,4′-双（二甲氨基）二苯酮不超过 0.1%，3-羟基萘-2,7-二磺酸不超过 0.2%，无色母体不超过 5.0%，未磺化芳香伯胺不超过 0.01%（以苯胺计）
46	酸性红 50	Acid Red 50	45220				√	
47	酸性橙 11	Acid Orange 11	45370	禁用于染发产品				中国：这些着色剂的不溶性钡、锶、锆色淀、盐和颜料也被允许使用，它们必须通过不溶性测定；2-（6-羟基-3-氧-3*H*-占吨-9-基）苯甲酸不超过 1%，2-（溴-6-羟基-3-氧-3*H*-占吨-9-基）苯甲酸不超过 2%
48	溶剂橙 16	Solvent Orange 16	45396	√				中国：用于唇膏时，仅许可着色剂以游离（酸的）形式，并且最大浓度为 1%

表 3-9（续）

序号	中文名称	英文名称	CI 号	各种化妆品	除眼部化妆品之外的其他化妆品	专用于不与黏膜接触的化妆品	专用于仅和皮肤暂时接触的化妆品	备注
49	酸性红 98	Acid Red 98	45405		√			中国：2-（6-羟基-3-氧-3H-占吨-9-基）苯甲酸不超过 1%，2-（溴-6-羟基-3-氧-3*H*-占吨-9-基）苯甲酸不超过 2%
50	食品红 14	Food Red 14	45430	禁用于染发产品				中国：这些着色剂的不溶性钡、锶、锆色淀、盐和颜料也被允许使用，它们必须通过不溶性测定；三碘间苯二酚不超过 0.2%，2-（2,4-二羟基-3,5-二羰基苯甲酰）苯甲酸不超过 0.2%
51	酸性紫 50	Acid Violet 50	50325				√	
52	酸性黑 2	Acid Black 2	50420			禁用于染发产品		
53	颜料红 83	Pigment Red 83	58000	禁用于染发产品				
54	分散紫 27	Disperse Violet 27	60724				√	
55	酸性蓝 80	Acid Blue 80	61585				√	
56	酸性蓝 62	Acid Blue 62	62045				√	
57	食品蓝 4	Food Blue 4	69800	√				

表 3-9（续）

序号	中文名称	英文名称	CI 号	各种化妆品	除眼部化妆品之外的其他化妆品	专用于不与黏膜接触的化妆品	专用于仅和皮肤暂时接触的化妆品	备注
58	还原橙 7	Vat Orange 7	71105			√		
59	还原紫 2	Vat Violet 2	73385	√				
60	颜料紫 19	Pigment Violet 19	73900				禁用于染发产品	
61	颜料红 122	Pigment Red 122	73915				√	
62	颜料蓝 16	Pigment Blue 16	74100				√	
63	直接蓝 86	Direct Blue 86	74180				禁用于染发产品	
64	天然黄 6	Natural Yellow 6	75100	√				
65	玉红黄	Rubixanthin	75135	√				
66	颜料白 24（碱式硫酸铝）	Pigment White 24	77002	√				
67	颜料红 101，102（氧化铁着色的硅酸铝）	Pigment Red 101，102	77015	√				
68	颜料蓝 27（亚铁氰化铁铵 + 亚铁氰化铁）	Pigment Blue 27 ($Fe_4(Fe(CN)_6)_3$+$FeNH_4Fe(CN)_6$)	77510	√				中国：水溶氰化物不超过 10 mg/kg

表 3-9（续）

序号	中文名称	英文名称	CI 号	各种化妆品	除眼部化妆品之外的其他化妆品	专用于不与黏膜接触的化妆品	专用于仅和皮肤暂时接触的化妆品	备注
69	颜料白 26（滑石）	Pigment white 26	77718	√				
70	磷酸锰	Manganese phosphate [$Mn_3(PO_4)_2 \cdot 7H_2O$]	77745	√				
71	酸性红 195	Acid Red 195				√		
72	溴甲酚绿	Bromocresol Green					√	
73	溴百里酚蓝	Bromothymol Blue					√	
74	高粱红	Sorghun Red			√			
75	五倍子提取物	Galla rhois Gallnut extract						五倍子为盐肤木、青麸杨或红麸杨叶上的虫瘿；当与硫酸亚铁配合使用时，仅限于染发产品

注：在韩国，焦油色素的钠、钾、铝、钡、钙、锶或锆盐和色淀也同样允许使用。
在中国，所列着色剂与未被包括在禁用组分表中的物质形成的盐和色淀也同样允许使用。

第四章　结论与建议

一、结论

上海市质量监督检验技术研究院（国家保洁产品质量监督检验中心）和江苏德普检测技术有限公司共同承担了“消费品安全标准‘筑篱’专项行动——国内外化妆品标准比对：韩国”的工作，自2018年年底至2022年年中，对比了化妆品监管体系、法规、标准化体系（标签、产品、原料、生产、检测等标准）等内容，重点对比了中、韩两国安全指标各1000多项。通过对比，得出以下结论。

（1）标准数量和组成

我国化妆品标准近年来发展速度较快，基本覆盖了化妆品相关各个领域，尤其是产品标准和检测方法标准等，数量众多，而且规定得十分详尽。从标准水平来讲，我国化妆品标准虽然直接采用国际标准和国外先进标准的不多，但一直跟踪着国际发展趋势，整体水平达到了国际先进。以化妆品安全指标为例，《化妆品安全技术规范》（2015年版）与《化妆品卫生规范》（2007年版）相比有了较大提升，与韩国《化妆品安全标准等相关规定》《化妆品着色剂种类、标准和试验方法》等标准在架构上没有显著差异。

（2）标准化工作机制和标准体系

我国具有较完备的化妆品标准化工作机制和标准体系，由政府主导，行业内配合实施。

（3）安全指标对比分析

我国《化妆品安全技术规范》（2015年版）和韩国《化妆品安全标准等相关规定》《化妆品着色剂种类、标准和试验方法》等标准中化妆品禁限用组分的要求都是基于欧盟的化妆品法规制定的，因此两者相似性较高。

二、建议

（1）完善化妆品检测标准体系

我国化妆品的检测方法标准或规范性文件很多，相关检验机构或化妆品企业可以根据自身的情况选择测定方法，但这也带来了一定的问题。比如，繁多的检测方法给标准体系的管理增加了难度；同一禁、限用物质有多种检测方法，它们之间的检出限、灵敏度等不同，可能造成测定结果的差异；不少检测标准只能同时测定1、2种物质，不利于工作效率的提升和大批量监督抽查的开展。因此，建议今后监管部门和标准化委员会能更充分地进行沟通，参考食品安全国家标准清理和整合的经验，废止所采用的检测技术已落后的测定标准，鼓励和推进高通量检测方法的建立，尽量减少检测标准的总数。

（2）紧跟化妆品发展和技术进步的潮流，及时更新法规、标准

近年来，随着科技的发展和消费需求的不断升级，化妆品已经不能单纯地被看作普通的日用化学工业产品，而应该是一种更安全、更环保、更有利于人体健康的产品。由于全球化妆品产业发展迅猛且产品更新换代速度加快，以发达国家为引领，出现了很多新业态、新要求、新设计、新工艺和新产品，如眉粉等新产品目前没有相关的产品标准，造成对这些新产品缺乏更有针对性的监管。

以中、韩两国化妆品禁限用物质的规定为例，2016年以来韩国《化妆品安全标准等相关规定》已更新修订了多次，而我国《化妆品安全技术规范》（2015年版）自2015年12月发布至2022年，仅在2021年修订了一次禁用物质。国内法规、标准更新不够及时是目前监管存在的一个薄弱环节，这不仅给相关企业的生产、销售等带来困难，更可能影响产品的出口，容易遭遇国外技术性贸易壁垒。

（3）完善化妆品功效成分检测方法和原料质量标准

目前，我国市场上化妆品质量良莠不齐，存在着为降低生产成本、促进销售而虚假标注有效成分的现象，损害消费者的利益。此外，还存在部分厂商着力宣传的有效成分在产品中的含量很低的情况（低于检测标准的检出限）。为了使消费者拥有更多的知情权，能够根据产品成分选择适合自己的化妆品，也便于监管部门对企业的生产销售行为进行监督检查，《化妆品标签管理办法》规定：化妆品标签应当在销售包装可视面标注化妆品全部成分的原料标准中文名称，以“成分”作为引导语引出，并按照各成分在产品配方中含量的降序列出。化妆品配方中存在含量不超

过 0.1%（*w/w*）的成分的，所有不超过 0.1%（*w/w*）的成分应当以“其他微量成分”作为引导语引出另行标注，可以不按照成分含量的降序列出。这就给市场上的一些概念性添加产品戴上了紧箍咒，可以规范企业的化妆品成分标注。开展配套的功效成分检验方法标准化建设有利于为我国化妆品的市场监督与企业管理提供技术保障，有利于保护广大消费者的权益。

现阶段我国缺少化妆品原料标准，目前已颁布的加上起草过程中的化妆品专用原料标准只有几十种，即使算上可以借鉴采用的食品添加剂、化工等领域的原料标准，相对于国家药品监督管理局发布的《已使用化妆品原料名称目录》（2021 版）的 8000 多种原料来说，仅占非常小的比例。因此，生产企业不得不自行制定原料的质量要求和标准，但不同企业对于同一原料的质量控制要求存在一定差异，而且中小企业由于技术力量薄弱，不具备对原料进行检验和安全性评估的能力，往往直接采用原料生产企业提供的出厂检验标准作为质量控制要求，这就给最终产品的质量安全带来了不确定隐患。开展化妆品原料标准化建设有助于促进常用化妆品原料质量控制要求的统一，从而规范化妆品原料的生产和使用，从源头上提高国内化妆品的整体质量水平。

通过与韩国等国家的化妆品技术要求对比，总结出优秀的经验，可为我国化妆品技术规范的制修订提供重要的参考依据。当然，对于化妆品的监督管理不能局限于标签、广告、原料、生产、产品、安全性指标等方面的技术要求，还必须结合一系列配套的产品监管措施。

参考文献

[1] 韩国食品医药品安全部：化妆品法 [OL]. http: //www.mfds.go.kr/eng/brd/m_28/list.do.

[2] 韩国食品医药品安全部：药事法 [OL]. http: //www.mfds.go.kr/eng/wpge/m_17/denofile.do.

[3] 国家食品药品监督管理总局：化妆品安全技术规范（2015 年版）[OL]. http: //www.nmpa.gov.cn/WS04/CL2193/300091.html.

[4] 王钢力，张庆生 . 全球化妆品技术法规比对 [M]. 北京：人民卫生出版社，2017.